CATALOGUE

RAISONNE'

DE COQUILLES,

INSECTES, PLANTES

MARINES,

ET

AUTRES CURIOSITE'S

NATURELLES.

CATALOGUE D'ESTAMPES
De Coquilles d'Insectes de Reptiles &c

CATALOGUE
RAISONNE'
DE COQUILLES,
ET
AUTRES CURIOSITE'S
NATURELLES.

On a joint à la tête du Catalogue quelques Observations générales sur les Coquilles, avec une Liste des principaux Cabinets qui s'en trouvent, tant dans la France que dans la Holande; Une autre Liste des Auteurs les plus rares qui ont traité de cette matiere, & une Table Alphabetique des Noms arbitraires, tant François que francisés, attribués aux Coquilles par les Curieux.

A PARIS,

Chez
{
FLAHAULT, au Palais, Galerie des Prisonniers:
PRAULT Fils, Quay de Conty, à la Charité.

M. DCC. XXXVI.
Avec Approbation & Privilege.

Les Curieux pourront examiner les Curiosités comprises dans ce Catalogue chez le Sieur GERSAINT, *Marchand,* Pont Notre-Dame, *tous les jours depuis* 8. *heures du matin jusqu'à midi,* & *depuis* 2. *heures après midi jusqu'à* 5. *heures, à commencer du* Lundi 23 Janvier 1736. *jusqu'au Lundi* 30 ; *jour auquel on en doit commencer la* Vente.

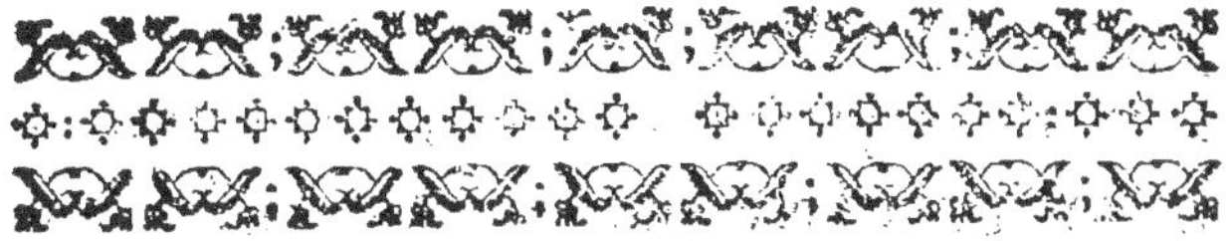

AVERTISSEMENT.

LE goût qu'il m'a paru que l'on prenoit en France pour les Coquillages, qui font partie de l'Histoire Naturelle, m'a engagé à retourner en Holande pour y faire un choix de tout ce que je pourrois trouver de beau & de rare en ce genre: Je crois y avoir réüffi, & (quoique partie intereffée) j'ose dire que j'y ai fait une Collection qui paroîtra affés parfaite aux yeux des Connoiffeurs. Je me fuis attaché à ne rien prendre que de bien conditionné, & qui puiffe entretenir l'amour qui commence à renaître pour cette forte de Curiofité.

Si je m'aperçois que le Public fe déclare en faveur de ces amufemens, que Bonanni apelle avec raifon, *a Recréation de l'efprit & des yeux*, je ferai tous mes efforts

pour me mettre en état de lui donner de tems en tems, non feulement en cette partie, mais génera-
lement en tout ce qui peut être
compris dans l'Hiſtoire Naturelle,
des Collections qui puiſſent ſatisfaire par leur ſingularité les Naturaliſtes & les Curieux.

J'ai joint à ces Coquillages une
ſuite d'Animaux tant Inſectes que
Reptiles, parfaitement conſervés
dans l'eſprit de vin, ou autre liqueur conſervative, parmi leſquels
il y en a de fort extraordinai-
res, & même inconnus: On trouvera quelques Plantes & Mineraux,
mais en petit nombre, ne connoiſ-
ſant pas aſſés le goût du public pour
cette partie.

Quelques Amateurs, excités par
le goût qu'ils ont pour ces Curioſités, vinrent chez moi auſſi-tôt qu'elles furent arrivées pour les examiner ſur le recit que je leur en avois
fait; ils me parurent fort contens du
choix & de la condition. Je leur dé-

clarai que mon intention étoit d'en
faire une vente publique, m'étant
aperçû par celles que j'avois déja faites, que les Curieux aimoient aſſés ces
ſortes de ventes; qu'ils y venoient
avec plaiſir, & qu'ils les regardoient
comme un amuſement. * Ils applau-
dirent à ce deſſein, mais ils me con-
ſeillerent d'en faire un Catalogue
Raiſonné, & d'y joindre quelques
Obſervations générales ſur ce genre de Curioſité.

Le deſir de les ſatisfaire, & d'être
de quelque utilité à cette partie du
public qui a du goût pour ces ſortes
de choſes, étant l'unique motif qui
m'a fait écrire, j'eſpere qu'ils n'exi-
geront de moi ni le ſtile d'un hom-

* On eſt fort en uſage en Holande de faire
de ces Ventes, & elles ſont très-goûtées des
Curieux. Elles peuvent même ſervir à l'inſtru-
ction du Public, par les choſes que ceux qui
n'y viennent que par ſimple curioſité entendent dire aux Connoiſſeurs, à qui ces Ventes
publiques ſont une occaſion de ſe raſſembler.
On ſçait de quelle utilité ſont les Ventes publiques pour répandre la connoiſſance des
livres.

me de Lettres, ni les recherches d'un Phyſicien. Peut-être ferai-je naître l'envie à quelqu'autre plus inſtruit de traiter cette matiere à fonds; en ce cas je me tiendrois fort heureux. Je n'avancerai rien que d'après les Auteurs qui en ont parlé, & ſur-tout *Bonanni* & *Rumphius*, ou d'après ce que j'en ai apris en Holande, & dans les différentes converſations que j'ai euës ici avec les Curieux.

J'Ai lû, par ordre de Monſeigneur le Garde des Sceaux, *le Catalogue Raiſonné de Coquilles & autres Curioſités Naturelles*. Je n'y ai rien trouvé qui en doive empêcher l'impreſſion. Ce 13. Décembre 1735.
GALLYOT.

OBSERVATIONS

OBSERVATIONS
SUR LES
COQUILLAGES.

ES Productions de la Mer font une des principales parties de l'Histoire naturelle. Entre ces Productions, ce qui s'y trouve de plus curieux sont, sans doute, les Coquillages, qui ont toujours fait un des ornemens des plus beaux Cabinets, par leur nombre prodigieux, & leur variété étonnante.

Plusieurs Volumes ne suffiroient pas si l'on vouloit reduire les Coquilles à toutes leurs especes : il y a entre elles de si grandes variétés, que la plume la plus rapide emploiroit un tems considérable à en faire

le dénombrement. La difficulté redouble-
roit auffi par la difference des noms que
l s anciens leur ont confacrés, & qu'il eft
impoffible de pouvoir rendre en notre langue ; noms la plûpart plus fouvent Grecs
que Latins, & dont la fignification eft prefque toûjours éloignée de la configuration
de la Coquille.

Il feroit à fouhaiter, pour fatisfaire les
Curieux, que quelqu'un eût le courage
d'entreprendre une Hiftoire générale &
complette de cette Partie de la Curiofité
naturelle qui nous manque dans notre langue, avec des gravûres régulieres des différentes faces & profils des Coquilles, &
des divers caracteres ou ornemens que la
Nature a imprimés fur leur furface, le
tout exactement deffiné d'après les originaux ; & que, fans s'éloigner des diftributions des différentes claffes, genres & noms
que les Auteurs ont donnés à chaque efpece, on pût en même tems déterminer à
chaque Coquille en particulier des noms
François analogues à leur forme, par lef-

quels on pût se les désigner facilement. Il
y en a déja beaucoup dont on est, pour
ainsi dire, convenu ; & j'ai remarqué que
dans la Holande presque tous les Curieux
suivent cette methode, ce qui pourroit s'é-
tablir aussi facilement en France.

En effet, comment me faire entendre, si
pour parler d'une Coquille exquise, dont
je veux faire sentir la beauté, je me conten-
te de dire, pour la specifier, que j'ai vû
une * *Pourpre* d'une beauté parfaite, si
cette *Pourpre* se divise en une trentaine d'especes au moins, toutes différentes entre
elles? au lieu qu'en disant que j'ai vû une
grande ¶ *Becasse épineuse* bien conservée, je
me rends intelligible, & la personne à qui
je parle se forme, sur le champ, une image
de la piece dont je lui veux faire la description, parceque je suis convenu auparavant
avec cette personne de donner ce nom à
une Coquille qui ressemble tout à-fait par

* Nom donné à une espece de Coquille.
¶ Pareil nom de Coquille.

fa figure à la tête d'une Becaſſe , & d'y
àjoûter le terme d'*épineuſe* , parcequ'elle eſt
pleine par tout de pointes très-aiguës, &
pour la diſtinguer d'une autre eſpece que
l'on nomme auſſi *Becaſſe*, à cauſe de la pareille reſſemblance, mais qui n'a aucune épine.

Il me ſemble que ce ſeroit la méthode
la plus facile pour mettre un Curieux, en
peu de tems , au fait de toutes les eſpeces
différentes , en conſervant toûjours le terme générique; parce que le nom que l'on
donneroit à chaque Coquille, ayant raport,
autant qu'il ſe pourroit, à ſa configuration,
ou à ce qui ſeroit repreſenté deſſus par les
couleurs , la vûë que l'on en auroit ſuffiroit pour en rapeller le nom , & le nom
ſuffiroit pour s'en rapeller l'idée. Le langage
des Curieux Fleuriſtes n'eſt-il pas établi à
peu près ſur le même principe, & n'ont-ils
pas trouvé la maniere de pouvoir s'entendre en parlant de leur curioſité ?

J'offre volontiers mes ſoins & mon attention pour conduire la gravûre, à ceux
qui voudroient entreprendre cet ouvrage ,

afin de pouvoir contribuer en quelque chose à une entreprise (difficile à la verité , &
de longue haleine) mais qui seroit utile &
agréable.

Monsieur de Tournefort , à qui la Bota-
nique est si redevable par le bel ordre qu'il
y a mis, avoit dessein de travailler sur cette matiere , comme il avoit déja fait sur les
Plantes. Il y auroit , sans doute , répandu
la même clarté ; mais malheureusement la
mort l'a prévenu , & nous a privé par-là
d'un ouvrage qui sûrement auroit été
parfait. Dans cette vûë, Monsieur de Tournefort avoit fait une très-ample collection
de Coquilles, qu'il a laissées après sa mort
à Loüis XIV. Le Roi les accepta volontiers ; il en commit le soin à Monsieur Fa-
gon, son premier Médecin ; & ce grand
Monarque ne regardoit pas le plaisir qu'il
prenoit à les considerer de tems en tems ,
comme un amusement indigne de Sa Ma-
jesté.

Après la mort de Loüis XIV. elles ont
passées entre les mains de Monsieur le Duc ,

A iij

le Roi les lui ayant données pour augmenter le Cabinet d'Hiſtoire naturelle que Son
Alteſſe Séréniſſime faiſoit ; Cabinet, trés célebre aujourd'hui , & dont j'aurai occaſion
de parler plus bas.

Cette partie de Phyſique n'eſt pas une
des moins curieuſes, quoiqu'elle ne paroiſ-
ſe à bien des gens qu'une bagatelle. Les Anciens ne lui ont pas refuſé leurs ſoins : Dioſ-
corides & Pline nous ont laiſſé des échantil-
lons de l'étude & des recherches qu'ils en
avoient faites.

J'ai ſouvent remarqué que ceux qui en
parloient ordinairement avec indifférence
ne les avoient jamais éxaminées , & s'ima-
ginoient que toute coquille reſſembloit à
une autre; que la terre n'en fourniſſoit point
d'autres que celles de nos Limaçons ; les
rivieres que celles de nos moules ; & les
mers que celles des Huitres que nous avons
coutume de voir ici. J'ai eu quelquefois le
plaiſir d'obſerver l'extaſe dans lequel ſe
trouvoient preſque toujours ces perſonnes
prévenuës , à l'ouverture d'un tiroir de pie-

ces choisies; ils ne me quittoient gueres sans me prier de leur procurer le plaisir de revenir une seconde fois pour les considerer, avec plus d'attention.

En effet, rien n'est plus séduisant que la vuë d'un tiroir de Coquilles bien émail-lées; le Parterre le mieux fleuri n'est pas plus agréable, & l'œil est frapé si merveilleusement, que l'on a de la peine à pouvoir se fixer : l'embaras est de sçavoir ce que l'on doit admirer le plus, ou de la perfection du travail de celle-ci, ou de la vivacité des couleurs de celle-là; de la simétrie merveilleuse de cette autre, ou de l'irrégularité harmonieuse de cette derniere. Enfin tout étonne, jusqu'à la plus petite de laquelle vous ne pouvez quelquefois découvrir la perfection que par le secours d'un Microscope, qui vous y fait observer des beautés dont vous ne l'auriez jamais soupçonnée, & vous force à vous écrier que * *La Nature n'est jamais plus grande que dans ses plus petites choses.*

* *Natura nunquam major quàm in minimis.*

A iiij

Que de variété dans leurs formes! Jamais la Nature ne s'est jouée avec plus de diversité dans aucune de ses Productions; il y en a de plates, de concaves, de rondes, de demi rondes: les unes sont dentellées, les autres cannelées; celles-ci herissées, celles-là raboteuses! les unes ont le *test* dur, comme la *Pourpre*; les autres sont si légeres qu'à peine on ose les toucher, comme le *Nautile de papier*: dans celle-ci l'Animal est enfermé, pour ainsi dire, dans un étui, comme dans les *Turbinites*; ou par deux cloisons, comme dans les *Huitres*: dans celles-là il ne l'est que d'un côté, & de l'autre il reste si fort attaché aux rochers, que ce n'est qu'avec grande violence qu'on l'en arrache, comme le *Lepas*: d'autres sont ouvertes par les deux bouts, & ressemblent assés à une bouche béante; comme celles que l'on apelle en Latin *Chama*: la tête des unes est tournée en vis; celle des autres est unie: quelques-unes ont double Coquille, d'autres n'en ont qu'une seule. Enfin, sans entrer dans le détail des variétés de leurs couleurs, qui vont à l'infini, leurs formes seules ont entr'elles un très-grand nombre de différences, qu'il est presque impossible de décrire exactement.

Leur interieur ne mérite pas moins d'attention. Que de précision dans leurs fabriques ! Que de sagesse l'Auteur de la Nature n'a-t-il pas répandu dans les différentes distributions que l'Animal, qui y fait son séjour y a construit lui-même pour ses commodités ! Où cela ne conduiroit-il pas, si l'on vouloit aussi aprofondir & chercher à connoître de près cet Animal, de quelle façon il est logé dans sa Coquille, comment il y agit pour ses besoins, & mille autres choses qui en seroient des suites inséparables, & qui pourroient faire un objet physique assés essentiel pour mériter l'attention particuliere des Naturalistes ! Ce que Monsieur de Réaumur, de l'Academie des Sciences, a dit à l'occasion de quelques-unes de ces Coquilles, montre de quelle curiosité, & même de quelle utilité pourroient être de pareilles recherches.

Les Artiſtes y peuvent auſſi trouver leur avantage. Les Coquilles ſe placent aiſément dans la Sculpture, & ſe groupent aſſés heureuſement: leur vuë peut inſpirer des idées neuves pour les formes tant aux Architectes qu'aux Sculpteurs, & même aux Peintres. Le nom d'eſcaliers en Limaçon, donné à nos eſcaliers à vis, ne permet pas de douter que la premiere idée de leur conſtruction ne ſoit duë à la diſpoſition interieure de certains Coquillages.

Les Bijoutiers & Metteurs - en - œuvre peuvent les emploïer agréablement, & même utilement en mille occaſions. Ne leur doivent-ils pas déja l'invention de nos charnieres? N'en ont-ils pas déja formé des boëtes, dont l'exécution eſt devenuë très-agréable? Il ne manque à la Coquille, pour faire fortune, & être trouvée digne d'être miſe en uſage, que la qualité d'être auſſi rare que de certains cailloux, ou pierres précieuſes; on la rechercheroit en ce cas, tout le monde en voudroit avoir, & on commenceroit à y découvrir pour-lors des beautés ausquelles on ne faisoit point auparavaut d'attention. La difficulté que l'on a à acquérir les choses, nous pique plus quelquefois que leurs beautés. L'on ignore le plus souvent l'avantage que l'on pourroit tirer d'une chose, que parceque l'on ignore la chose même; & par l'idée de bagatelle que l'on s'en est toujours fait, soit par prévention, soit par habitude, on ne veut pas ordinairement se donner la peine de l'éxaminer.

Il se trouve des Coquilles d'une grandeur & d'un poids énorme; mais elles ne conviennent gueres que pour garnir des dessus de Cabinet ou d'armoire; celles qui sont propres pour les Curieux sont de la moyenne espece.

Les petites cependant ont beaucoup de Partisans, parcequ'elles ne tiennent pas tant de place dans les Cabinets, & qu'elles sont, pour ainsi dire, plus achevées que les grandes. La plûpart des grands Curieux de la Holande les veulent avoir des différens âges, depuis la plus petite jusqu'à la plus grande , afin de pouvoir les examiner dans tous les états par où elles paffent. Comme on m'en avoit demandé de cette efpece , je me fuis attaché à en chercher , heureufement j'en ai trouvé de très-belles.

Il y en a de fort rares dans la Collection que j'ai faite , qui même font tout-à-fait inconnuës ici , & que je n'ai trouvé gravées en aucun endroit. Lorfque je mets quelquefois dans le Catalogue l'épithete de rare à une Coquille qui s'y trouve 3. 4. ou 5. fois , cela ne doit pas diminuer la réputation de rareté qu'elle a acquife , parceque ce n'eft point le Cabinet d'un feul particulier que j'ai acheté , mais un amas que j'ai fait avec beaucoup de foins & de recherches , de tout ce que j'ai pû trouver de beau & de rare.

Toutes les fois qu'il m'eft tombé fous la main une piéce diftinguée , & recherchée des Curieux , je l'ai prife préférablement,& je l'aurois trouvée encore plus fouvent que je ne l'aurois pas laiffée , pour être en état de fatisfaire ici un plus grand nombre d'A-

mateurs. J'ai eu le bonheur de trouver auffi
de ces jeux, ou ces caprices, dans lefquels
la Nature fe plaît quelquefois, qui furement piqueront les Curieux par leur fingularité. Ces hazards ne font pas ordinaires,
ce qui fait qu'on les eftime fort en Holande.
Je veux parler de ces groupes de Coquilles
formés par la Nature même, & de ces Coquillages adherans à des morceaux de rochers.

C'eft un abus de croire qu'il fuffit de fe
promener fur le bord de la mer, pour remplir facilement fes poches de Coquillages ;
j'y ai paffé plufieurs journées fans en avoir
pû trouver une feule qui fût digne de quelqu'attention. Les flots qui les battent continuellement, & les roulent avec les cailloux fur le fable ; l'injure des faifons à laquelle elles font expofées, le froid & le
chaud, le Soleil & la pluïe, qui alternativement fatiguent & alterent leur écorce, &
la fange dans laquelle elles s'anéantiffent,
pour ainfi dire, par la fuite des tems, joint
aux differens infectes qui s'y attachent or-

dinairement auſſitôt que l'Animal a perdu la vie, .& les percent quelquefois d'outre en outre : tous ces accidens leur font perdre totalement leurs formes & leurs Couleurs, enſorte que l'on n'en reconnoît preſque plus l'eſpece : du moins leur fraîcheur & leur éclat diſparoiſſent, & l'on n'en peut tirer aucun agrément. Voila ce qui fait ordinairement la difficulté de les trouver bien conditionnées ; de façon que toute Coquille (quelque commune qu'elle ſoit) doit être reputée rare, quand elle atteint au point de la conſervation qui lui eſt eſſentielle.

Chaque rivage, outre cela, a ſes Coquilles, & les plus belles ne ſe pêchent guéres qu'en pleine mer ; comme l'eſpece appellée la *Thiare*; auſſi bien que toutes les *Bivalves*, que l'on ne trouve jamais ſur le bord de la mer qu'elles ne ſoyent fort endommagées.

Avant qu'une Coquille ſoit en état d'entrer dans un Cabinet, elle eſt ſujete à bien des accidens, qui ſouvent l'empêchent d'y

trouver place ; les plus belles & les plus
singulieres ne croiſſant pas ſur nos côtes, &
venant la plûpart des Indes Orientales &
Occidentales, ou d'autres païs fort éloi-
gnés.

Il faut, pour qu'une Coquille ſoit con-
ditionnée, qu'elle ſoit pêchée dans la mer
ou ſur ſes bords, ſelon ſon eſpece, lorſque
l'Animal eſt encore vivant. Il faut que le
hazard la procure belle. Celui qui l'a pêchée doit aporter toutes les attentions poſ-
ſibles pour la tranſporter ſans dommage,
ſur tout, ſi elle eſt garnie de pointes, qui ſe
caſſent facilement. Il y en a de cette eſpece
que l'on n'oſe preſque pas toucher, & d'autres qui ſont ſi minces qu'elles ſe briſe-
roient en mille morceaux pour peu qu'elles
fuſſent preſſées.

Le mérite d'une Coquille eſt d'avoir
toutes ſes pointes, ſes bords, ou ſes lévres
ſaines, & ſes couleurs vives : ce qui ſe dé-
truit facilement ſi l'on n'aporte pas toutes
les précautions néceſſaires pour qu'elles ne
ſe frottent point les unes contre les autres

dinairement aussitôt que l'Animal a perdu la vie, .& les percent quelquefois d'outre en outre : tous ces accidens leur font perdre totalement leurs formes & leurs Couleurs, enforte que l'on n'en reconnoît presque plus l'espece : du moins leur fraîcheur & leur éclat disparoissent, & l'on n'en peut tirer aucun agrément. Voila ce qui fait ordinairement la difficulté de les trouver bien conditionnées ; de façon que toute Coquille (quelque commune qu'elle soit) doit être reputée rare, quand elle atteint au point de la conservation qui lui est essentielle.

Chaque rivage, outre cela, a ses Coquilles, & les plus belles ne se pêchent guéres qu'en pleine mer ; comme l'espece appellée la *Thiare* ; aussi bien que toutes les *Bivalves*, que l'on ne trouve jamais sur le bord de la mer qu'elles ne soyent fort endommagées.

Avant qu'une Coquille soit en état d'entrer dans un Cabinet, elle est sujete à bien des accidens, qui souvent l'empêchent d'y

ment vives, font fi légerement imprimées
fur la furface, que le poli le plus doux feroit capable de les enlever. Si l'on veut faire revivre le luftre qui eft naturel à cette
efpece, on doit fe contenter de les polir
avec la main, après les avoir légerement
nettoyées.

Fort fouvent, après s'être donné toutes
ces peines pour les mettre en état de faire
l'ornement de quelque Cabinet, il arrive
que d'une douzaine de Coquilles, qui auront couté bien du tems & des foins, on
fera obligé d'en mettre au rebut plus de la
moitié, par raport aux défauts qui étoient
cachés par cette croute ou ce voile, & qui
fe découvrent après le nettoïement.

Les Holandois entendent parfaitement
l'art de les nettoïer & y excellent, fans doute par la grande quantité qui leur en paffe
par les mains ; cela eft chez eux un efpece
de commerce, & une occupation de laquelle plufieurs trouvent à fubfifter. C'eft
à eux que l'on peut s'adreffer pour en avoir
plus commodément ; le nombre de vaif-

B

feaux qu'ils envoïent jufqu'aux extremités du monde leur procure, avec plus d'abondance les richeffes de la mer, & je crois que c'eft la Nation la plus opulente dans cette partie.

La facilité que les Holandois ont à acquerir les Coquilles, n'empêche pas qu'ils ne les pouffent quelquefois à un très-haut prix, quand elles fe trouvent parfaites, & qu'elles ont quelque réputation. En voici un exemple. Le Cabinet de feu Monfieur de la Faille, Auditeur des Etats, fi renommé par le beau choix de Coquilles qu'il poffedoit, fut vendu à la Haye il y a quatre ans, & a fervi à en enrichir beaucoup d'autres. Il s'y en trouva une en particulier, d'environ deux pouces de longueur, de l'efpece de celles que l'on apelle *Amirales*, & à laquelle on avoit donné le nom de *Cedonulli*, qui fut achetée par un Marchand mille vingt livres de notre argent. Cette Coquille orne actuellement le Cabinet du Roi de Portugal. J'ai eu de celui qui en fut l'acquereur une bonne partie de ce que j'ai

raporté dans ce dernier voïage. Cette Coquille n'eſt pas la ſeule qui ait monté à ce
prix. Dans la Preface du Cabinet de Rumphius, édition de 1711. on y parle d'une
pareille Coquille qui avoit couté cinq cens
florins d'Holande.

Les Holandois ont pour cette Coquille
une fureur dont je ne puis découvrir les
raiſons ; elle y eſt dans une réputation ſi
haute que l'on ne peut point leur en arracher, même de médiocres, ſans y mettre
un très-gros prix, auſſi ne m'en ſuis-je pas
chargé. Si c'eſt par raport à ſa beauté dont
je conviens, il s'en trouve d'autres eſpeces, & en quantité, qui ne lui cedent en
rien de ce côté. Si c'eſt pour ſa grande rareté, j'avoüe que je ne l'ai pas trouvée telle, puiſqu'il y en a, & quelquefois plus d'u-
ne, dans les moindres Cabinets.

Il eſt vrai qu'il n'y a point de païs où l'on
rende plus de juſtice aux ouvrages exquis
tant de la Nature, que de l'art, de quelque genre que ce ſoit, & où l'on ait plus
d'ardeur pour acquerir tout ce qui eſt beau.

Les moindres particuliers y ont des Cabinets affés bien choifis. Ce qui fait auffi que
malgré la quantité de tableaux des grands
Maîtres, de deffeins, & d'eftampes qu'ils
poffedent, il eft très difficile de leur en tirer, ni même de ceux des Maîtres qui ori-
ginairement ont travaillé chez eux, quoique leurs apartemens foient tous remplis
de ces morceaux choifis qui font fi renom-
més pour le coloris & pour l'extrémement
fini. Je me fuis trouvé à la Haye pendant ce
dernier voïage, à la vente du riche Cabinet de Monfieur Schuylemburch, Bour-
guemeftre de Harlem, où je n'ai pû acquerir aucun tableau, avec efperance de pouvoir trouver ici quelque avantage. Ils païent
un gros prix tout ce qui leur plaît. J'ai vû
à Delft, chez un particulier nommé Mr. de
Reuve, qui eft très-curieux en tableaux, &
qui a une collection très-précieufe de deffeins
des meilleurs Maîtres : j'ai vû, dis-je, un
deffein de Raphaël, qui ne confifte que dans
une tête, un pié & deux mains, qui font l'é-
tude d'une des figures de cette belle tranf-

figuration fi renommée, & qu'il m'a dit avoir acheté à une vente environ 1800. livres de notre argent: ce qui m'a été certifié par les Curieux qui connoiffent ce deffein, & qui avoient été prefens à cette vente.

Je crois que l'on me pardonnera cette petite digreffion, que je n'ai faite que pour aprendre qu'on ne doit pas s'étonner fi en voïageant chez eux, on n'en raporte pas un grand nombre de curiofités. C'eft un abus de croire qu'avec de l'argent on leur tire aifément des mains les belles chofes qu'ils poffedent, parce qu'ils en ont en abondance, ou parcequ'ils ont la facilité de les acquerir. Voilà le troifiéme voïage que j'y fais, & j'ai eu bien de la peine (comme on a pû s'en apercevoir) à faire une très-petite recolte. Les Curieux, qui ont été en Holande, feront garans de ce que j'avance.

Les Coquillages font l'objet de la recherche de deux differentes fortes de perfonnes ; je veux dire des Phyficiens & des Curieux. Le but des uns, en les poffedant,

eſt d'en étudier la cauſe , le principe & les
ſuites, ce qui eſt proprement le *Récreatio men-*
tis de Bonanni. Les autres ne les recherchent que *propter Recreationem oculi* , par
délaſſement , & pour ſe procurer un coup
d'œil agréable en obſervant la varieté des
formes & des couleurs dont elles ſont or-
nées. Je ne prétens pas cependant dire par-
là que l'unique motif des Curieux , en ac-
querant des curioſités , ſoit l'amuſement,
& que le Phyſicien n'ait en vuë que l'étude , & ne compte pour rien la récréation
des yeux ; mais ſeulement que l'agréable
qui s'y rencontre n'eſt qu'acceſſoire pour
le Phyſicien , comme l'étude & la recherche le ſont pour les Curieux.

Quelques Naturaliſtes veulent les Coquilles brutes , les Curieux les veulent po-
lies , afin d'en mieux apercevoir toutes les
beautés ; & j'oſe dire que ce n'eſt point voir
la beauté d'une Coquille telle que la Nature l'a formée , ſi cette Coquille n'eſt auparavant dépoüillée de cette craſſe qui lui eſt
totalement étrangere. Quand on ſe conten-

te de la netoïer simplement & avec ména-
gement, pour y mettre ensuite une eau de
gomme légère, ou la polir sans en alterer
les couleurs, loin d'en changer la Nature,
on la dévelope entierement, & on la met
en état par-là d'être observée plus exactement dans toutes ses parties. L'Auteur de
la Nature, qui ne fait rien en vain, ne l'a
ornée des couleurs que l'on y découvre par
ce moien, que pour qu'elles soient vuës &
admirées. Combien perdroit-on, sur-tout
dans les petites qui sont toutes admirables,
si l'on n'usoit de cette précaution.

Les Physiciens ne reconnoissent une Coquille que par son nom originaire, & ha-
billée le plus souvent à la Grecque. Ils se
revoltent, quand on lui en veut donner un
François, qu'ils apellent ordinairement entr'eux un nom arbitraire, ou un *nom de
guerre*. Nos Curieux, au contraire, s'effa-
rouchent quand ils entendent prononcer
un mot Grec; & le mot de * *Pentydactile*

---

* Nom donné à une espece de Coquille.

leur paroît auffi heriffé que la Coquille la plus épineufe.

Pour éviter tout embarras dans ce Catalogue, je n'ai fuivi que les trois Claffes générales le plus en ufage. En y dénommant une Coquille à fon Numero, quand je connois fon genre ou fon efpece, je les nomme la premiere fois que la Coquille y paroît: j'y joins, quand je le peux, les noms qui leur font donnés, tant par les Auteurs qui en ont parlé, que par les Amateurs; fi je fçais quelque chofe de particulier touchant cette Coquille que je nomme, je le dis en même tems; fouvent je ne lui donne qu'un *nom de guerre*, n'en fçachant point d'autre; & comme c'eft un Catalogue que je fais pour parvenir à la vente de ce qui y eft énoncé, j'ai crû pouvoir me fervir des noms ufités entre les Curieux, & faciles pour eux à retenir, plûtôt que de n'en point mettre du tout, en confervant toujours à la Coquille le nom de fa Claffe. D'ailleurs les Curieux (comme je l'ai marqué ci-devant) ont la liberté de venir examiner les Coquilles de ce Catalogue , pour reconnoître , par l'infpection , celles dont le nom ne donneroit pas une connoiffance affés precife. J'ai crû qu'il feroit à propos de donner ici une légere idée des differentes claffes & genres dans lefquels on a coûtume de divifer le plus ordinairement les Coquillages.

Les Coquilles font d'une ou de deux pieces , ce que l'on apelle *Univalve* ou *Bivalve* , & par confequent il ne devroit y avoir que deux claffes générales ; cependant on en fait ordinairement trois , parceque l'on divife en 2. celle des *Univalves*;ainfi donc j'apellerai la premiere claffe,celle des *Univalves* qui ne font pas *turbinées*, ou qui ne forment nulle volute ; en Latin *Teftacea non turbinata.* * La 2. claffe fera celle des *Univalves turbinées* , ou *turbinites* , qui forment une volute:En Latin *Teftacea turbinata.* La 3· claffe fera celle des *Bivalves* ; *Teftacea Bivaluia* : quoiqu'à le prendre à la ri-

* Mot que l'on ne peut gueres rendre en François que par celui de *Turbinée* ou *turbinite*

gueur, les *Univalves* de la feconde claffe
pourroient être apellées *Bivalves*, ainfi que
celles qui font à deux portes ou battans,
parceque l'Animal de prefque toutes ces
efpeces a un *Opercule* ou couvercle engen-
dré avec lui, & attaché à une partie de fa
peau, commé l'ongle l'eft à la chair, qui
lui fert de défenfe, avec lequel il fe fermé
toutes les fois qu'il veut fe retirer dans fon
étui. La Nature a fait cette porte fi jufte,
& fi bien proportionnée, qu'il eft impoffible d'apercevoir la moindre divifion quand
l'Animal y eft enfermé. On peut obferver la
même exactitude dans les *Bivalves*, qui ont
des charnieres fi liantes & fi juftes, & dont
les deux battans, malgré leurs contours &
leurs formes irregulieres, ferment avec
tant d'exactitude que l'Orfévre le plus
adroit ne pourroit parvenir à cette pré-
cifion.

Je me fervirai donc fimplement du mot
d'*Univalve*, pour exprimer dans le Catalogue les Coquilles comprifes dans la premiere claffe. Celui de *Turbinite* me fervira

pour celles de la seconde claſſe . & enfin le mot de *Bivalve* ou *Doublete* comprendra toutes celles de la troiſiéme claſſe.

Les *Univalves* de la premiere claſſe , ou qui ne ſont point *Turbinites*, n'ont pas entr'elles grand nombre de diviſions. Les eſpeces les plus générales ſont les *Lepas* , ou *Patelles* , les *Oreilles de mer* , les *Dentales* ; quelques-uns y comprennent auſſi les *Nautiles*.

Les *Univalves Turbinites* qui forment la ſeconde claſſe ſont les plus nombreuſes en diviſions. Ses principales ſont les *Umbiliques* , les *Sabots* , ou *Culs de lampe*, les *Lunaires* , les *Demi - Lunaires*, les *Caſques* , les *Murex* , les *Pourpres*, les *Conques* , les *Globoſées* , ou *Spheriques* , les *Tonnes* , les *Buccins* , les *Trompes*, les *Cornets* , les *Eguilles* , les *Volutes* , les *Pyramidales* , les *Cylindriques* , les *Ailées* , les *Pentidactiles* ou *Digitales* , les *Porcelaines* , les *Nerites* , & les *Limas*.

Les *Bivalves* qui ſont celles de la troiſiéme claſſe , ſe diviſent ordinairement en

Chames, Moules, Peignes, Petuncles, ou Coquilles de S. Jacques, Pinnes marines, Huitres, Tenilles ou Tellines, Solenes.

Toutes ces divisions des trois claffes raportées ci-deffus font encore fujetes entr'elles à des fubdivifions qui vont à l'infini dans les Auteurs qui ont écrit fur cette matiere. Ces Auteurs n'ayant prefque jamais donné que la defcription de leurs Cabinets, ou de ceux qu'ils entreprenoient de décrire, n'ont point établi de principes affés étendus, affés fûrs, ni affés clairs; de là vient que non feulement ils font la plûpart très-differens entr'eux au fujet de la fubdivifion de chaque efpece; mais encore faute de principes ils ne font point d'accord avec eux - mêmes, ou du moins leurs diftributions font tellement arbitraires qu'il eft impoffible d'imaginer ce qui a pû les déterminer à placer une Coquille fous un genre plutôt que fous un autre; ce qui fait fouhaiter à chaque moment, comme je l'ai déja dit, un ouvrage bien détaillé fur cette matiere qui puiffe fervir de modele invariable.

On fent affés qu'il m'auroit été impoffi-
bl: d'entrer dans le détail de tous ces dif
férens genres & efpeces dans ce Catalogue;
outre que l'entreprife auroit été certaine-
ment au deffus de mes forces, le tems que
je me fuis prefcrit, pour me mettre en état
d'expofer en vente ces curiofités, ne m'auroit pas permis de l'executer, ayant eu à
peine quinze jours pour les mettre en ordre, & pour en établir le Catalogue.

J'ai crû faire plaifir au Public de lui donner une Lifte des principaux Cabinets de
Curiofités naturelles, & en particulier de
Coquillages, qui exiftent actuellement tant
en France qu'en Holande, ou du moins de
ceux qui font venus à ma connoiffance.

LISTE
DES PRINCIPAUX
CABINETS
DE CURIOSITÉS
NATURELLES,

ET sur-tout de Coquillages, qui existent actuellement tant en France qu'en Holande.

IL y a à Paris au JARDIN ROYAL des Plantes un très-beau Cabinet d'Histoire Naturelle, dont Mr. Bernard de JUS-SIEU a la garde. Il travaille conjointement avec Mr. son frere à le mettre dans l'ordre le plus convenable. Ce Cabinet s'augmente & se perfectionne de jour en jour par les soins de Monsieur Dufay, Intendant de ce Jardin; Monsieur le Comte de Maure-pas, & Monsieur le Controlleur Général donnent tous les ordres nécessaires pour fai-re venir toutes les Curiosités tant des In-des orientales qu'occidentales, qui peu-

vent l'enrichir, parmi lesquelles les Coquillages ne font pas oubliés.

Le célébre Cabinet de S. A. S. Monfei-
gneur le Duc de Bourbon eft dès à prefent
un des plus confiderables de l'Europe : Il
réünit généralement toutes les parties de
l'Hiftoire Naturelle ; & il y a lieu de croire
qu'il deviendra un des plus riches qu'il y
ait jamais eu dans le monde, par l'attention
qu'à ce Prince à l'augmenter & à l'enrichir
de tout ce qu'il peut y avoir de plus curieux.
Les Coquilles n'en font pas le moindre ornement, puifque ce font celles (comme
on l'a déja dit) qui formoient le Cabinet
de Monfieur de Tournefort, qne ce Prince groffit encore tous les jours des morceaux qui ne s'y trouvent pas.

Monfieur GEOFFROY, célebre Chimifte,
Penfionnaire de l'Académie Roïale des
Sciences, poffede un Cabinet des plus curieux & des plus rares pour les foffiles, les
minéraux & les métaux ; on n'en peut vóir
nulle part une fuite plus belle & plus complete. Il l'a enrichi auffi d'une fort belle
collection de Coquilles.

Monsieur PAJOT d'Ons-en-Bray, Aca-
démicien Honoraire de l'Académie Roïale
des Sciences, dont le Cabinet immense
dans toutes les parties de la Physique est
connu de tout l'Univers, & qui rassemble
sur-tout, ce qu'il y a de plus curieux, & même d'unique dans la Mécanique, n'a pas
négligé la partie des Coquillages.

Monsieur de REAUMUR, de l'Academie Roïale des Sciences, dont j'ai déja eu
occasion de parler, a formé un Cabinet
d'Histoire Naturelle, dans lequel on voit
des suites aussi instructives que curieuses
des matieres qui ont raport aux diverses
parties de la Physique; entr'autres une suite complete de tous les differens métaux &
terres qui existent en Europe, & particulierement en France, ce qui est unique;
cette recherche ayant été faite avec un soin
extrême, & même par les ordres de feu
Mr. le Regent. On y voit aussi une très-
ample collection d'Insectes, conservés avec
soin, & pris dans tous les états differens
par lesquels ils passent. Ce sçavant Academicien

micien n'a pas regardé les Coquilles comme un objet indifferent ; & quoiqu'il ait traité cette matiere en Physicien habile, il en a rassemblé une suite qui attireroit l'attention même des simples Curieux.

Monsieur BONIER de la Moisson, Trésorier Général des Etats de Languedoc, plus Physicien encore que Curieux, travaille tous les jours à augmenter un Cabinet d'Histoire Naturelle qui est déja considerable, & qu'il paroît vouloir pousser à la perfection, dans lequel il a placé nombre de Coquillages bien choisis pour la varieté & la condition.

Monsieur MAHUDEL, Medecin & membre de l'Academie Roïale des Belles Lettres, a fait une suite curieuse de Coquilles de toutes les especes qu'il a pú trouver, dans le dessein qu'il a d'executer le projet de feu Monsieur de Tournefort ; projet déja fort avancé. Son Cabinet renferme beaucoup d'autres Curiosités Naturelles, qu'il a rassemblées pour en faire l'objet de son étude & de ses recherches.

C

Monfieur le D u c d e S u l l y aporte tous les jours fes foins & fon attention à completer un Cabinet d'Hiftoire Naturelle, qui confifte en nombre de Plantes Marines, Congellations, Coquilles, Petrifications, Criftalifations, & autres productions de la Nature, tres-curieufes & très-bien choifies.

Monfieue S e v i n , Confeiller honoraire du Parlement, dont le goût fûr & exquis eft connu de tous les Curieux, a chez lui un affemblage des Merveilles de la Nature & de l'Art , qui font prefque toutes uniques dans chaque efpece , qui fait l'objet de fa curiofité. On y admire des Vafes de Jafpe & de Criftal, des Agates œillées, des Onix, des Rubis, des Dendrites, connuës fous le nom de *Pierres arborifées* , des Pierres précieufes gravées & non gravées, & mille autres raretés d'une beauté furprenante: Tout y eft merveilleux, & l'on fçait que rien n'y trouve place qui ne foit marqué au coin de la perfection, & du choix le plus fcrupuleux. Il a formé, avec bien du tems & des recherches, un Cabinet de Coquillages, dont la beauté, la condition & le choix font à toute épreuve. Ce Cabinet pafferoit affurement en Holande, où il s'en trouve de fi beaux, pour un des plus précieux.

On voudra bien me permettre de témoigner ici à Monfieur Sevin une reconnoiffance publique de tout ce que je lui dois : c'eft lui qui m'a infpiré de l'amour pour les Curiofités Naturelles, en m'en faifant fouvent admirer les beautés, & je lui ai des obligations infinies de toutes les inftructions & tous les confeils qu'il a bien voulu ne me pas refufer dans toutes les occafions qui fe font préfentées.

Monfieur D e s-a l l i e r d'Argenville, Maître des Comptes & Secretaire du Roi, a formé pareillement un Cabinet de Coquilles qui ne le céde qu'à celui de Monfieur Sevin. Il n'épargne rien pour s'enrichir dans ce genre, auffi-bien que dans les autres parties de l'Hiftoire Naturelle dont il eft déja très-bien fourni. Son goût eft général, & son Cabinet d'Estampes, de Tableaux & de Desseins, dont le choix est très beau & considerable, est connu des Amateurs tant en France que dans les païs étrangers. Monsieur d'Argenville ne s'en tient pas à la seule contemplation de ses curiosités, il travaille actuellement à une Histoire des Coquilles & des Mineraux, qu'il projette de donner au public en Latin & en François ; elle est déja fort avancée.

Monsieur de JULLIENNE des Gobelins, connu des Curieux par le beau choix qu'il a fait de Tableaux, Desseins & Estampes de divers grands Maîtres, & par les soins qu'il a pris d'enrichir le public d'une nombreuse suite d'estampes gravées d'après le célebre Vatteau, a commencé une Collection d'Histoire Naturelle, de laquelle les Coquilles font le principal ornement, & qu'il augmente, dans l'occasion, de ce qu'il peut trouver de beau.

Monsieur le Chevalier DE LA ROQUE, Amateur zélé des Productions de l'Art & de la Nature, met aussi son plaisir depuis

long-tems à faire un affemblage de ce qui
fe trouve de plus beau en Pierres gravées, Coquilles & autres Productions ter-
reftres & maritimes, Son Cabinet eft connu
des Amateurs. Il renferme quantité de morceaux précieux en tout genre. On y voit
des Tableaux, des Bronzes, des Eftampes,
des Defleins, des Porcelaines, des Vernis
de la Chine & du Japon, & mille autres
curiofités toutes d'un choix délicat, & qui
font preuve de fa connoiffance & de fon
goût.

Monfieur l'Abbé de MONCRIF, Docteur
de Sorbonne, & parent de l'Academicien
de ce nom, ne fe donne point le titre de
Curieux; cependant il réünit bien des morceaux de l'Hiftoire Naturelle, non moins
admirables par leur confervation, que par
le goût & les graces qu'il a fçû aporter à
leur arrangement.

Parmi les Curiofités en tout genre, dont
le nombreux Cabinet de Monfieur VIVANT
eft rempli, les Coquilles ne font pas non
plus oubliées, & l'on y en voit de toutes

les efpeces, & en grand nombre.

Madame de VALOIS, époufe de Monfieur de Valois, Penfionnaire de l'Academie des Belles Lettres, s'eft auffi diftinguée parmi les perfonnes de fon Sexe par l'amour qu'elle a eu de tout tems pour les Coquilles. Elle en a une collection qui a toujours paffée auprès des Connoiffeurs, pour belle & bien choifie.

Je n'ai point entrepris de faire ici le dénombrement de tous les Cabinets curieux qui fe trouvent aujourd'hui à Paris, & dont le nombre augmente tous les jours. J'ai crû qu'il feroit fuffifantde raporter les plus connus.

Je ne puis cependant m'empêcher de parler de l'amas de Curiofités Naturelles que poffede Monfieur de ROBIEN, Prefident à Mortier au Parlement de Rennes, & dont les Coquillages ne font pas la moindre partie ; il l'embellit tous les jours de ce qu'il peut trouver de rare, & il paroît qu'il a intention de pouffer cette partie à fa perfection.

Lille en Flandres eſt une des Villes de la Province où j'ai remarqué un goût plus univerſel pour cette curioſité ; c'eſt pourquoi j'ai jugé à propos de la comprendre dans cette Liſte , afin que les Amateurs qui y paſſeront puiſſent profiter de la vuë de ce qui s'y trouve de beau en ce genre. Pluſieurs particuliers y ont d'aſſés belles colleĉtions de Coquilles ; mais entr'autres Mr. Desguides , Avocat , en poſſede une très-belle & très-nombreuſe, ou il ſe trouve des morceaux aſſés rares & fort bien conſervés ; enfin il n'y a gueres de Villes principales dans les Provinces où il ne ſe trouve quelques Cabinets de ce gènre ; & ſur-tout à Marſeille , à Montpellier , à Nantes & à Roüen , ſelon ce que j'ai entendu dire par les Curieux qui y ont été : mais c'eſt un dénombrement dans lequel je ne puis entrer , & qui deviendroit d'une trop longue haleine.

Il eſt aiſé de comprendre par ce qui a été dit ci-deſſus de la Holande , que c'eſt le païs où les Cabinets de Coquilles ſe trouvent en plus grand nombre. En effet ; tout le monde en eft curieux. Pour ne point tomber dans un détail qui ennuiroit peut-être , je me contenterai de raporter ceux qui font le plus en réputation.

Monfieur S E G V E L D T , Officier de la Cour à la Haye, poffede un des plus beaux Cabinets de Coquillages qu'il y ait aujourd'hui en Holande : comme il a été toute fa vie dans cette curiofité , il l'a enrichi de tout ce qui s'eft trouvé de plus curieux dans toutes les ventes qui s'en font faites dans le païs.

Le riche Cabinet de Monfieur Schein-Voet , dans lequel avoit paffé celui de Rumphius eft aujourd'hui entre les mains du Sieur Postumus , Officier de la Ville d'Amfterdam , qui a époufé fa fille. C'eft lui qui a donné le *Rumphius* en 1705. avec la defcription en Holandois.

Le Sieur Jacob Guillot , Droguifte , fur le Canal qui eft derriere la Bourfe, ou le Rokin , en poffede un des plus beaux & des plus nombreux.

La

La Description de celui du Sieur Seba,
qui est actuellement sous la presse, & dont
il a paru déja deux volumes, fera connoître ses richesses quand le troisiéme Volume,
qui comprendra les productions de la Mer,
paroîtra, où l'on verra la plus ample collection de Coquilles qui ait encore paru.
J'ai été extremément satisfait de voir ce
Cabinet; les termes ne peuvent être trop
énergiques pour en loüer l'étenduë, la perfection & la variété, & c'est lui rendre ju-
stice de dire qu'on ne croit pas que l'on
puisse pousser plus loin une collection dans
le genre de l'Histoire Naturelle.

J'ai vû pareillement celui de Mr. Le-
vin Vincent, Fabriquant à Harlem, mort
depuis quelques années; j'avoüe que j'ai été
surpris de la quantité de choses rares que j'y
ai trouvé : ce Cabinet consiste en plus de
sept cens Phioles remplies de Reptiles &
autres animaux des plus singuliers & des plus
grands que l'on puisse conserver dans l'es-

prit de vin ; un amas confiderable des Coquilles les plus rares, grand nombre de
Coraux , Plantes marines & Mineraux ;
mais ce qui m'a piqué le plus eft un nombre infini de boëtes pleines de petits infectes de toute efpece, parfaitement confer-
vés, dont la variété des couleurs forme le
plus beau coup d'œil que la Nature puiffe
offrir. Madame fa Veuve eut la complaifan-
ce de me laiffer tout examiner avec la plus
grande politeffe du monde, & m'affura
que, felon les Mémoires de feu Monfieur
fon époux , toutes ces curiofités revenoient
à plus de deux cens mille liv. de France; ce
que je croirois facilement par la quantité de
chofes uniques qui s'y trouvent. Cet Amateur avoit intereffé , à force d'argent & de
prefens, tous les Chirurgiens qui faifoient
des voïages de long cours , pour les enga-
ger à lui aporter ce qu'ils trouveroient de
fingulier qui auroit raport à l'Hiftoire Naturelle. Quoique fimple Commerçant, il
n'avoit pas laiffé que de s'inftruire dans

cette partie , & avoit fait lui même des expériences affés curieufes. J'exhorte les Amateurs qui iront à Harlem à n'y point paffer
fans faire tous leurs efforts pour s'en procurer la vûë. Ceux qui voudront connoître en détail ce Cabinet , fur lequel je me
fuis avec plaifir un peu étendu , n'auront
qu'à confulter l'Imprimé qui en a été donné , & dont l'on trouvera la Note dans la
Lifte fuivante des Auteurs.

Il y a à Dort cinq ou fix Cabinets de Coquillages que l'on tient pour très-curieux ,
auffi-bien que dans divers autres endroits de
la Holande. Je ne finirois pas fi je v ulois
entrer dans ce détail.

Les Voïageurs curieux fçavent la quantité qui s'en trouve auffi tant en Italie qu'en
Allemagne & en Angleterre païs fi fécon1
en Amateurs. Celui fur-tout de Monfieur
SLOANE, Médecin & Prefident de la Société Roïale de Londres eft fi répandu , & fa
réputation eft fi haute , que plufieurs Curieux ont fait exprès le voïage d'Angleter-

re pour ſe procurer la vûë de cet amas ef-
frayant & prodigieux de belles choſes que
renferme ce C binet, & dont il ſeroit difficile de donner la moindre ébauche ; la
partie des Coquilles s'y trouve auſſi étenduë au moins que les autres.

Enfin il y a des collections de Coquilles dans tous les grands Cabinets de l'Europe, dont le Pere Bonnani a fait le dénombrement dans la curieuſe Préface qu'il
a miſe à la tête du Cabinet du Pere Kircher
qu'il a beaucoup enrichi, & qui eſt proprement un ouvrage de ſa façon : celui qui
avoit déja paru ſous ce titre n'étant rien en
comparaiſon de celui qu'il a donné. On
trouve un pareil dénombrement dans la
Préface du *Muſœum Sibbaldianum*, où ce
qui a échapé à la recherche de l'un, ſe trouve dans l'autre. Pour ne point copier ce
qui eſt déja dans ces deux Préfaces, je me
ſuis contenté de ne parler ici que de la plûpart des Cabinets qui ſe ſont formés depuis en Hiſtoire Naturelle, & principale-
ment en Coquillages.

A la fuite de cette Lifte j'ai cru que l'on recevroit avec plaifir celle des Auteurs les plus rares qui ont traité des Coquillages; c'eft pourquoi je l'y ai inferée, dans la penfée que cela pourroit être intereffant pour ceux qui veulent s'inftruire fur cette matiere.

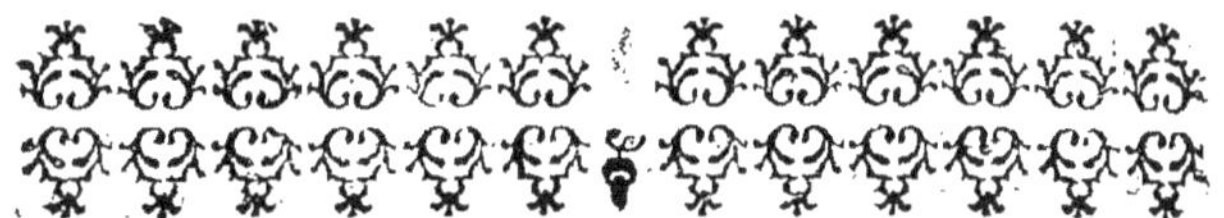

LISTE

DES
PRINCIPAUX
OUVRAGES
QUI ONT ETE' FAITS
SUR LES COQUILLAGES.

Artinus LISTER, Médecin & Membre de la Société Roiale de Londres, est un de ceux qui ont le plus travaillé sur les Coquillages dans ces derniers tems. On a de lui :

Historia seu Synopsis methodica Conchylio-rum quorum omnium pictura ad vivum deli-neata exhibentur; Londini, sumptibus auto-ris 1685. in folio cum tabulis aneis Les planches de cette collection qui est une des plus ample dans les especes qu'il a traité, & une des plus recherchées, ont été dessi-

nées par Mesdemoiselles ses filles, sous ses
propres yeux. Comme il n'y a dans cet
Ouvrage que de trés courtes notes, on
doit y suppléer par les autres traités de cet
Auteur sur la même matiere, que voici.

*Tractatus duo, alter de Cochleis tum terre-
stribus, tum fluviatilibus; alter de Cochleis marinis, quibus adjunctus est liber de Lapidibus
Angliæ ad Cochlitarum quandam imaginem
figuratis. Londini* 1678. *in* 4. *cum figuris.*

*Exercitatio Anatomica in qua de Buccinis
fluviatilibus & marinis maximè agitur, quorum dissectiones tabulis æneis illustrantur.
Londini* 1695. in 8.

*Exercitatio Anatomica in qua de Cochleis
maximè terrestribus, & Limacibus agitur,
omnium dissectiones tabulis æneis illustrantur,
Londini* 1694. in 8.

*Conchyliorum Bivalvium utriusque aquæ
Exercitatio Anatomica tertia. Londini in* 4.
1696.

Philippi BONANNI, *Societatis Jesus, Recreatio mentis & oculi, in observatione animalium Testaceorum curiosis Naturæ inspe-*

floribus Italico sermone primùm proposita, nunc denuà ab eodem Latinè oblata, centum additis Testâceorum iconibus, circa quæ varia problemata proponuntur. Romæ 1684. in 4.

Le Pere Bonanni donna quelques tems après un Supplément à cet Ouvrage dans ses Observations *de viventibus in non viventibus*, imprimées pareillement à Rome in 4.

Son *Museum Kircherianum* parut en 1709. à Rome. On y trouve une très-ample collection de Coquillages à la fin, qui est beaucoup plus exacte que celle qui y étoit auparavant ; il prétend y donner une Histoire complette des Coquilles : *Integram Conchyliorum historiam Lector observabit,* (dit-il ,) mais les planches n'y sont point accompagnées de discours. La Préface de ce *Museum* est fort curieuse par le dénombrement des principaux Cabinets de l'Europe en ce genre là.

On avoit dessein de donner une traduction en François du *Recreatio mentis & oculi* ; ouvrage qui sûrement feroit plaisir

auPublic, parraport à la difficulté de se familiarifer avec la plus grande partie des mots
qui s'y trouvent, & dont l'intelligence
n'eft pas aifée, fans en faire une étude particuliere. Cette traduction même a été vuë
entre les mains d'un Libraire à Paris, * qui
en avoit auffi les planches, mais cet ouvrage demandoit à être retouché. On croit
qu'il a été mis entre les mains du Pere Ca-
ftel, Jefuite, qui en projettoit la révifion,
non feulement pour la verfion, mais auffi
pour la matiere qui y eft traitée.

*Rumphii Thefaurus Cochlearum, Concha-
rum, & Conchyliorum. Lug. Bat.* 1711. *in
folio* Vander-A-a. La bonne édition de cet
ouvrage eft de 1705. avec la defcription
des Coquilles qui y font reprefentées, mais
elle eft en Holandois : cette defcription a
été faite par Monfieur Schein-Voet, qui
étoit fort intelligent en cette partie. Les figures en ont été deffinées par Mademoifelle Sybille Merian, dont on a les Infectes
de Surinam, & plufieurs autres ouvrages.

* Mr. Seneuze.

Les Curieux d'Eſtampes prefereront toûjours cette premiere Edition , les figures
en étant beaucoup plus belles , joint à ce
qu'elles ſont parfaitement bien gravées , &
que ce ſont celles (au raport de tous les
Connoiſſeurs) où l'on reconnoît mieux
les eſpeces différentes des Coquilles qui y
ſont repreſentées , ayant été faites avec
beaucoup de ſoin & de reſſemblance d'a-
près les originaux. La ſeconde Edition qui
eſt de 1711. a pourtant un avantage ſur la
premiere , en ce qu'on y a mis à la tête une
Table Latine & Holandoiſe avec l'explica-
tion des différens genres & eſpeces qui
ſont repreſentées dans chaque planche ; ce
qui la rend de quelque utilité.

*Gazophilacii Naturæ & artis Decades de-
cem , in quibus animalia quadrupedia , Aves,
Piſces , Reptilia , Inſecta , Vegetabilia , item
Foſſilia , Corpora Marina , & ſtirpes mine-
rales è terra erutæ , Lapides figurâ inſignes,
&c. deſcriptionibus brevibus & iconibus illu-
ſtrantur. Autore Jacobo* PETIVER. *Londini*
1702. *in folio.* On trouve dans ce Cabinet,

Aquatilium animalium Amboinæ Icones &
nomina, Tabulæ XX. Ce sont proprement
les figures du Rumphius. Outre ces vingt
planches de Coquilles, il s'en trouve encore plusieurs de répanduës dans les dix
Décades qui traitent des Animaux & des
Plantes.

Fabius COLUMNA *de purpura ab anima-*
li Testaceo fusa, de hoc ipso animali, aliis-
que rarioribus testaceis quibusdam Tractatus.
Romæ apud Joannem Mascardum 1616. in
4. Il y a eu une autre Edition de cet ouvrage, procurée par les soins de *Joannes* DA-
NIEL *Major,* avec des annotations; il y a
joint *Specimen de Testaceis in ordinem redactis*
tabulis aliquot comprehensum, & non minus
connexum cum editis annotationibus in Co-
lumnam de purpura quam cætero quin inser-
viturum facile ad Conchylia & Testacea re-
liqua in conclavibus principum ac aliis rectè
disponenda cum brevi Dictionario Ostracolo-
gico de partibus Testaceorum. KILIÆ HOL-
SATICÆ, *apud Joachimum Reumannum,*
1675. in 4.

Auctuarium Musæi BALFOURIANI *è Mu-*
sæo Sibbaldino, sivè enumeratio & descriptio
rerum rariorum tam naturalium quàm artifi-
cialium, tam domesticarum quàm exoticarum
quas Rob. SIBBALDUS *M. D. Eques auratus*
Academiæ Edimburgæ donavit, qua quasi
Manuductio brevis est ad Historiam natura-
lem. Edimburgi impressum sumptibus Acad.
in 12.1697. Cet ouvrage est divisé en quatre livres. Le troisiéme regarde unique-
ment les Coquillages, ils y sont divisés
par genres & especes.

Caroli Nic. LANGII *Lucern. Helv. Ph.*
& M. Acad. Nat. curioforum, Regalis Soc.
Prussiæ methodus nova & facilis Testacea ma-
rina in suas debitas classes, genera & species
distribuendi. Lucernæ sumptibus autoris 1722.
in 4. Il y a un chapitre concernant les Coquillages de mer, ou le Commentateur raporte les noms qui leur ont été donnés par
les François, & se sert de termes assés ca-
valiers à ce sujet. *Sic nomen dedere* (dit-il)
cerebrosi Galli in Cochleis, Flandrorum in
floribus nominandis æmulantes ingenii acu-

men. Le Pere Bonanni en parle plus obligeamment: *Galli in excogitandis Cochlearum aptis nominibus non minus ingeniosi quàm in floribus significandis Belgæ.*

Rariora Musei Besleriani quæ olim Basilius & Michaël Rupertus Besleri collegerunt æneisque tabulis ad vivum incisa evulgarunt, nunc commentariolo illustrata à Joh. Henr. LOSCHNERO. Vitembergæ anno 1716. *in folio.* Les planches de ce Cabinet sont au nombre de 40. dont plusieurs representent des Coquilles & diverses autres productions de la mer. Cet ouvrage doit être regardé comme Posthume, celui qui l'avoit entrepris étant mort fort jeune, & n'ayant pas pû y mettre la derniere main; il ne laisse pas, dans l'état où il est, d'être assés curieux, les figures y sont assés bien gravées.

Museum Vormianum, seu Historia rerum rariorum tam naturalium quàm artificialium, tam domesticarum quàm exoticarum quæ Hafniæ Danorum in ædibus Autoris servantur, adornata ab Olao Worm M. D. & in Regia Hafniensi Academia olim Professore publico. Amſt. Elzevier 1655. *in fol.*

*Muſeum Calceolarium Veroneſe à Benedi-
cto* CERUTO *incæptum, & ab Andrea* CHIOC-
CO *luculenter deſcriptum & perfectum, in
quo multa ad naturalem Hiſtoriam ſpectantia
continentur. Veronæ apud Angelum Tamum*
1622. *in fol. cum figuris.*

Muſeo di Moſcardo. Note ò vero me-
morie del Muſeo di Lod. MOSCARDO in
tre libri diſtente, nel primo ſi diſcorre delle coſe antiche le quali in detto Muſeo ſi
trovano, nel ſecondo delle Pietre, Minera-
li è terre; nel terzo de Coralli, Conchi-
glie, Animali, Frutti è altre coſe. In Pa-
doa 1656. *in folio.*

*Gottwaldianum Muſeum, ſivè Conchylio-
rum Tabulæ 49 impreſſæ, quarum* 6. *priores
repreſentant Stellas Marinas & Corallia;
cætera continent Teſtacea, Uuivalvia, Turbinata. Gedani. In folio.*

*Muſeum Vratiſlavienſe, ſeu Promptua-
rium rerum naturalium & artificialium Vratiſlavienſe, quas collegit Chriſtianus* KUD-
MANN, *Medieus Vratiſlavienſis. Vratiſla-*

viæ. In 4°. 1626.

Caroli REILDANI *Thesaurus elegantissimus suppellectilis antiquæ, nec non Conchyliorum, Mineralium, Gemmarum, &c. Lugduni Batavorum.*

Museum Goesianum. Numerus Concharum in Museo Goesiano ultrà 2000. excurrit in quibus multæ quas inter rarissimas numeres, rariora quoque tum naturalia, tum artificialia, tum mineralia non contemnendam partem constituunt.

Thesaurus Tabularum Pinacothecarum, atque nonnullorum Cimeliorum in Gazophylacio Levini VINCENT. *Harlemi sumptibus Autoris* 1719. *In* 4. C'est le Cabinet que j'ai vû à Harlem, & dont j'ai parlé ci-dessus.

Fred. RUSCHII *Thesaurus primus Animalium Quadrupedum, Volatilium, Reptilium ac Piscium, nec non Insectorum, atque Conchyliorum, &c, Partim liquori limpidissimo innatantium, Partim Balsamo induratorum, quæ servantur in Thesauro. Amst. in* 4.

Gualteri CHARLETONI *Exercitationes* de

differentiis & nominibus animalium quibus accedunt Mantissa Anatomica & quædam de variis fossilium generibus, deque differentiis & nominibus colorum, Editio secunda, duplo ferè auctior priori. in f°. Oxoniæ 1677. fig.

On peut regarder cet ouvrage comme un abregé court & méthodique de l'Histoire des Animaux. CHARLETON les range par classes, & chaque classe se subdivise en differens genres : il place les Coquilles au nombre des Poissons, & il les décrit à mesure qu'il les met dans la classe qu'il leur croit convenable.

Locupletissimi rerum naturalium, Thesauri accurata descriptio, & iconibus artificiosissimis expressio, per universam Physices historiam, opus cui in hoc rerum genere nullum par extitit : ex toto terrarum orbe collegit, digessit, descripsit & pingendum curavit Albertus SEBA, Etzela Oost-Frisius, Academiæ Cesareæ Leopoldino-Carolinæ naturæ Curiosorum Collega Xenocrates dictus, Societatis Regiæ Anglicanæ, & Instituti Bononiensis Sodalis. Amstelodami apud Janssonio-Waesbergios

Waesbergios, Jo. Westenium & Guillelmum Smitk 1734. *Carta maxima.* Cet ouvrage doit compofer quatre Volumes dont le premier & le fecond ont déja paru. Le troifiéme qui contiendra les Productions de la Mer, avec la plus ample Collection de Coquilles qu'on ait encore vuë, paroîtra en 1736. & le quatriéme & dernier en 1737. Le premier Volume ne paroît pas avoir généralement contenté tout le monde. Le Programe dit cependant que Monfieur Boerhaave, ce fameux Médecin, dont la grande réputation eft répanduë par toute l'Europe, a rendu un témoignage public de n'avoir encore rien vû de plus curieux, ni de plus complet dans ce genre. Il faut attendre que les deux autres Volumes ayent paru, pour pouvoir aprendre fi le public fe trouvera du même fentiment que cet illuftre Phyficien, dont les décifions ont tant de poids.

Dans le Cabinet de Sainte Génevieve, imprimé à Paris *in folio*, il fe trouve quelques Planches d'Hiftoire naturelle, & en

E

particulier une de Coquillages defquels on y a donné les noms & la defcrip-tion.

On trouve à la fin des Plantes du Pere BARRELIER , dont la publication eft dûë aux foins de Monfieur de Juffieu , diverfes Planches de Coquillages , dont on a donné auffi la defcription.

On pourroit augmenter cette Lifte des noms de divers autres ouvrages qui ont été donnés fur la même matiere , mais j'ai cru qu'il étoit fuffifant d'y parler des morceaux qui ne font point répandus, dont on pourroit ignorer l'exiftence , ou qui ne fe trouvent que rarement. L'ALDROVANDUS, le GESNER, le JONSTON , le RONDELET , le BELLON font entre les mains de tout le monde , c'eft pourquoi il auroit été inutile de les y comprendre.

LE SPECTACLE DE LA NATURE doit cependant, avec juftice, trouver place ici. L'Auteur a la gloire d'avoir infpiré aux jeunes gens de l'amour pour les riches Productions de la Nature , & peut-être auſſi lui a t-on obligation d'avoir réveillé dans le public l'ardeur qu'on y voit renaî- tre pour les amuſemens de ce genre.

Cet Auteur a beaucoup contribué à faire connoître le mérite & l'utilité de la ſcience de l'Hiſtoire Naturelle, & a trouvé l'art de mettre le public à portée de voir facile- ment, agréablement & en racourci , tout ce qu'il n'auroit pû chercher qu'avec peine ſur cette matiere dans le corps des Mé- moires de l'Academie des Sciences , & a mis en même tems ce même Public en état de pouvoir profiter des obſervations , re- cherches & découvertes ſolides qui ſont dûës au travail long & pénible de chacun des Académiciens qui les ont faites. Il eſt parlé dans ſon livre des Coquillages ; il en a même fait graver quelques uns dont il a donné en même tems la deſcription.

On auroit peut-être ſouhaité de trouver ici quelque choſe touchant les Reptiles.*

* Ce genre de Curioſité eſt peu connu ici, & très-peu de Curieux ſont fournis de ces Animaux , qui ſont admirables quand ils ſe trouvent bien conſervés.

E iij

& autres animaux dont il fera fait mention
dans le Catalogue; mais j'avoüe ingenu-
ment que je n'en connois pas affés dans la
quantité qu'il y en a , & quand je ferois en
état d'y fatisfaire, le tems ne me permet-
troit pas d'entrer dans ce détail, qui feroit une matiere au moins auffi étenduë
que celle des Coquilles. Pour contenter les
Curieux , je ferai enforte de les nommer
autant que je le pourrai , en les marquant
dans le Catalogue , & de raporter ce qu'ils
ont de curieux, fi j'ai le bonheur de trouver quelque Phyficien affés bien intention-
né pour vouloir me faire faire connoiffance avec eux , & me les rendre plus familiers. Si je me trouve encouragé par la fuite
à faire de pareilles recherches , je tâcherai
de me mettre au fait des chofes dont je
ferai amas autant que ma proffefion peut
me le permettre , afin d'être du moins en
état de rendre raifon aux Curieux des chofes dont je ferai fourni.

Dans la diftribution des Numeros que
j'ai fait dans le Catalogue , j'ai eu atten-

tion de mettre les articles moins forts que
j'ai pû pour satisfaire à la demande que m'en
ont fait les Curieux, afin de ne les pas
obliger à prendre plusieurs fois les mêmes
choses, ce qui autrement leur seroit devenu incommode & à charge.

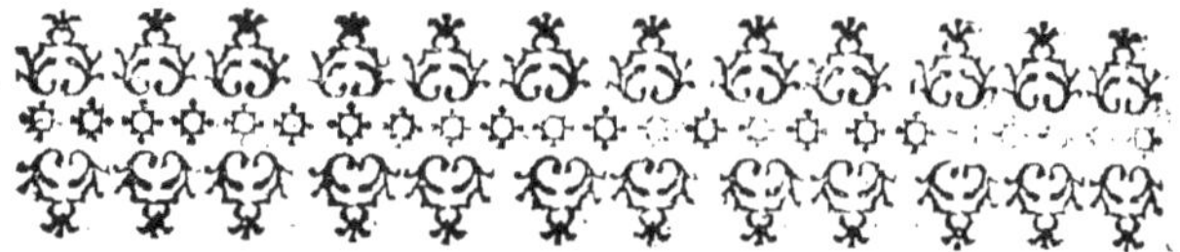

CATALOGUE

RAISONNE',

DE COQUILLES, PLANTES.
Marines , Mineraux , Insectes , Reptiles & autres curiosités naturelles.

PREMIER TIROIR
du Coquillier.

N°. 1. UNe *Turbinite* apellée *Porcelaine.*

La *Porcelaine* est une Coquille très-variée dans son espece , quelques-uns y comprennent mêmes celles que l'on apelle *Olives* , & Rumphius les nomme *petites Porcelaines* : plusieurs Auteurs nomment les *Porcelaines Coquilles de Venus* ; la raison est qu'elles étoient en vénération au Temple

N°

I . . . .   10. S.

de Venus, dans la Ville de Gnide; cette Coquille lui fut confacrée au rapport de Pline, livre 9. ch. 25. parce qu'elle arrêta un Vaiffeau qui voguoit à pleines voiles, & qui portoit les ordres de Periandre Tiran de Corinthe, pour faire Eunuque la jeune Nobleffe, ce qui empêcha que cet Arrêt fut excuté, ce retard ayant donné le tems de prendre les précautions néceffaires pour s'oppofer au deffein de Periandre. Mutian les apelle à caufe de cela *Remoras*; Aldrovandus dit qu'on les nomme *Porcelaines*, par rapport à leur beauté, leur éclat, & leur fraicheur, qui font les attributs de Venus; & Gefner, qu'on leur a donné ce nom, parce que de leur matiere on faifoit la Porcelaine à la Chine: & enfin, felon d'autres, ce nom leur a été attribué, *à fimilitudine pudendi mulieris, propter rimulam.*

L'*Argus* eft la plus rare & la plus précieufe de cette efpece, on l'apelle ainfi pour la diftinguer des autres, par rapport à la quantité de grandes & petites taches rondes femblables à des yeux, qui font femées au au hazard fur fa fuperficie. Le fond en eft ordinairement petit gris , & les taches d'un canelle vif : cette Coquille eft eftimée des curieux. Celle-ci en eft une des plus belles, on ne la trouve qu'au fond de la mer , ce qui fait la difficulté d'en avoir aifément.

2. Trois *Turbinites* , dont une *Caffandre* ou *Harpe* , & deux *Geographiques*.

La *Caffandre* ou *Harpe* , eft une *Turbinite* dont la beauté ne fe peut décrire : fa forme eft agréable , & le mélange de fes couleurs réjoüit la vuë. Cette efpece eft fi variée que les curieux ne peuvent s'empêcher de la prendre plufieurs fois ; on ne fçait pourquoi les anciens la nommoient *Caffandre* , le nom de *Harpe* lui convient à merveille , par la reffemblance qu'elle a avec cet inftrument ; Rumphius en trouve de trois fortes. *Harpa Nobilis* , *la belle Harpe :* elle a ordinairement des bandes ou côtes tachetées très - vivement & plus étroites que celles des autres Harpes, qui fe détachent fur un fond petit gris ; celle-ci eft de cette efpece.

D'autrepart   10. 5.

2 ....   12. 4.

____

22. 5.

C . . . . 22. 5.

3. . . . . 6. 15.

____

29. 11.

La seconde espece est apellée *Harpa*, sans épithete ; elle a des beautés differentes & ne cede à la premiere que du côté de la rareté.

La troisiéme est apellée *Harpa minor*, la *petite Harpe* ; ces Coquilles sont d'autant plus belles, quand les côtes sont également & regulierement distribuées : elles se pêchent dans la grande mer des Indes.

La *Geographique* est de l'espece des *Porcelaines* : on la nomme ainsi par rapport à la raye & aux taches qui sont sur sa surface, & qui imitent assez le cours d'une riviere, exprimé sur une Carte Geographique : Rumphius la nomme *Porcellana montosa*, la *Porcelaine montagneuse*.

3. Deux grandes *Volutes* à fond blanc tacheté de diverses couleurs vives, connuës ici sous le nom de *Tigre* ou *Damier*, à cause de ses taches quarrées & régulierement distribuées ; Rumphius apelle cette espece *Voluta Musicalis* ; d'autres les mettent dans les *Cilindriques* ; il y en a une de ces deux qui a trois bandes jaunes ; elles ne sont pas

communes quand ces bandes s'y trouvent, & quand elles font vives en couleur.

4. Une grande *Turbinite Digitale*, *Cochlea digitata*, connuë ici fous le nom d'*Araignée mâle*. Elle eft apellée *Digitale* ou *Pentidactile*, par rapport aux differens crochets ou doigts qui faillent autour d'elle. Rumphius l'apelle *Harpago mas*, & la met dans l'efpece des *Aîlées*.

5. Huit Coquilles, dont deux *Bivalves* de l'efpece des *Conques de Venus*; deux petites *Porcelaines* nommées par Rumphius, *Porcellana Guttata*. Deux *Culs-de-Lampe* ou Sabots, & deux autres *Turbinites* connuës fous le nom de *petit Bois vêné*, ou de *Foudre*.

6. Trois *Turbinites*, dont deux font connuës fous le nom de *Groffes Eguilles*: elles font à fond blanc tacheté de pourpre; Rumphius nomme cette efpece *Strombus primus five Alena*, l'*Alêne*. L'autre eft une *Pourpre* apellée vulgairement la *Becaffe*.

Quelques-uns ne mettent point de difference entre les *Pourpres* & les *Murex*;

3 . . . . 29. "

4 . . . . 7. 8.

5 . . . . 8. 19.

6 . . . . 11. 1.
____
59. 8.

59. 8.

leur forme n'est pas cependant égale , & la
Pourpre a ordinairement la queuë plus longue , & la bouche plus ronde. On donne le
nom de *Pourpre* & de *Murex* à toutes celles
qui aprochent de la forme de ces fameuses
Coquilles que l'on apelloit ainsi par raport à
la couleur pourpre * que l'on tiroit de l'animal qui y sejourne , couleur tant en réputation chez les anciens, qu'elle s'achetoit au
poids de l'or. Ces deux especes sont très-variées, on les subdivise en *Becasses, Epineuses,
Brulées, Roties* , &c. On en trouve dans plusieurs mers. La mer rouge produit les plus
belles: Bonanni dit que par le mot de *Murex*
on doit entendre *Saxorum aspera* , les Pointes de Rocher ; il distingue les *Pourpres*
d'avec les *Murex* , & il les apelle *Purpu-
rarum testa*. Celle-ci est de la mer rouge.
Ce qui la differencie des autres *Pourpres* est

* Si on ne se sert plus de cette couleur que
l'on tiroit de la *Pourpre* ou du *Murex*, pour les
teintures , ce n'est pas qu'on en ait perdu l'invention, comme plusieurs croyent , mais
c'est qu'on a trouvé le moyen d'en faire de
plus belles & à moindre frais , avec de la Co-
chenille ou de la graine d'Ecarlatte.

un très-droit & très-long tuyau * qui reſſemble aſſez au bec d'une becaſſe , & qui lui
en a fait donner le nom ; ſa tête eſt ſillon-
née de rayures de differentes couleurs, &
garnie de côtes arrondies qui toutes ſe ter-
minent en pointe vers le haut.

7. Trois Coquilles , dont une très-belle
Becaſſe & deux autres *Turbinites* , connuës
ſous le nom de *Caſque* , apellées par Rumphius *Caſſis levis cinerea* , le *Caſque leger de
couleur de cendre*.

8. Deux *Turbinites* dont les parties de
l'ouverture repreſentent parfaitement une
oreille : Rumphius les apelle , *Auris Mi-
dæ* , l'*Oreille de Midas*. Elle eſt extrêmement rare ; ces deux-ci ſont garnies de leur
peau ou écorce qui eſt rayée & de couleur
de maron : j'en ai deux autres qui ſont découvertes & de couleur de roſe.

9. Deux *Porcelaines* connuës ſous le nom

* Ce tuyau ſert à placer la langue de l'a-
nimal , qui eſt ſi dure & ſi pointuë qu'il en
perce les écailles des autres poiſſons de mer
dont il ſe nourrit.

6y . . . . . 59. 8.

7 . . . . . 8. 19.

8 . . . . . 14. ".

9 . . . . . 7. ".

____

89. 7.

Cy .... 89. 7.

10. . . . . 12. //

11. . . . . 12. 10.

____

113. 17.

d'*Oeuf de Poule*, *Ovum gallinaceum*, ou
fous celui de *Venerea lactea*, la *Coquille de
Venus de couleur de lait* : en effet elle eſt
d'une blancheur parfaite, & elle a vrai-
ment la forme d'un œuf : on la diſtingue
des autres Porcelaines par l'ouverture de ſa
bouche qui n'eſt pas droite comme celle
des autres, mais un peu circulaire.

10. Une très-belle *Volute* à fond blanc
marqué de bandes couleur de pourpre, violet, gris de lin, &c. Cette Coquille eſt
terreſtre, elle ſe trouve rarement confer-
vée vers ſon extrêmité : celle-ci eſt parfaite.

11. Deux *grans Bois vênés*. Cette Coquille eſt de l'eſpece des *Murex* ; on lui a
donné ce nom à cauſe des differentes veines
qui ſe trouvent ſur ſa ſurface, & qui reſſemblent à celles de ces beaux bois vênés :
quelques-uns la nomment *Cochlea Hebrea*,
parce que ſes taches approchent aſſez des caracteres Hebraïques ; elle a le fond couleur
de paille avec des taches & bandes d'un
beau châtain ; elle tient un peu de l'eſpece de
celles que l'on apelle *Muſiques* ou *Muſicales*.

F iij

12. Six Coquilles dont deux *Bivalves*, & quatre *Turbinites*, entre lesquelles il y en a deux connuës sous le nom de *Burgau*. C'est la Coquille d'un limaçon qu'on trouve en Amerique, & que l'on apelle vulgairement le *Perroquet*, à cause de ses couleurs. On en tire cette belle nacre que l'on nomme *Burgaudine*, qui est plus estimée que la nacre des perles.

13. Quatre *Turbinites*, dont deux *Tigres* ou *Damiers*, & deux autres apellées par les curieux, *Brocard de soye*, par la conformité qu'elle a avec cette étoffe.

14. Trois pieces dont une *Argus* & deux *digitales*, apellées par Rumphius, *Cornuta digitata, seu heptadactilus Plinii*, la *Cornuë digitale* : on la met ici parmi les *Araignées femelles*, & on la distingue des autres en y ajoutant, *à Oreille de Cochon*, à cause d'une élevation qu'elle a sur un des côtés, qui aproche de cette ressemblance.

DEUXIE'ME TIROIR.

15. Deux très belles *Argus*.

(paraphe)	113.	17.
12.	15.	1.
13.	19.	2.
14.	16.	1.
15.	13.	17.
	177.	18.

Cy .... 177. 18.

16. }
17. } .... 15. "
18. .... 11. "

19. .... 14. 1.

20. .... 14. "

____

232. 5.

16. Deux grandes *Harpes.*

17. Deux *grands Bois vénés* parfaitement conservés.

18. Trois *Turbinites* dont deux *Casques* rayés & tachetés , & une *Musique.*

La *Musique* est un *Murex* ainsi nommé par raport à la conformité de ses taches avec les lignes & notes de la musique : elle est diversifiée de couleurs charmantes. Bonanni l'apelle, *Murex nulli pulchritudine secundus* , le *Murex incomparable.* Il y en a d'especes differentes ; & l'on apelle en France, le *Plein-chant,* celles qui n'ont que quatre rayes ou lignes : celle-ci est très-belle.

19. Quatre *Turbinites* dont deux *Damiers* , & deux autres, connuës sous le nom d'*Ecorchées* ; ces deux-ci sont des belles de cette espece qui est extrêmement variée.

20. Deux *Murex* apellés par Rumphius, *Murex ramosus* ; le *Murex branchu* : connu ici sous le nom de *Chicorée,* à cause de ses branches qui ressemblent parfaitement à cette plante ; ces deux sont très-bien conservées.

21. Trois pieces ; sçavoir , un *Casque de couleur cendrée* , & deux grandes *Ecorchées.*

22. Deux *Turbinites* dont une grande *Alêne,* & un *Buccin* apellé *Trompe Marine.*

Cette derniere Coquille est nommée en latin * *Buccinum Tritonis.* sa forme est fort belle; par l'arrangement de ses couleurs, elle ressemble assez à une queuë de Paon; elle se pêche dans la mediterannée ; mais il est très-difficile de la trouver entiere , & avec des couleurs vives qui se détachent de dessus son fond ; celle-ci est conservée jusques à l'extrêmité.

23. Deux *Oeufs.*

24. Deux *Murex raboteux* , apellés par Rumphius , *Bracca Helvetiorum* , la *Culote de Suisse.*

25. Deux *Globosées* ou *Tonnes*, nommées en latin *Cochlea pennata*, & connuës ici sous le nom de *Perdrix*. Cette Coquille est ordinairement belle par la distribution de ses taches

* On donne ce nom de *Buccin* à toutes les Coquilles qui ont la forme de trompette , il y en a de beaucoup d'especes.

Cy ------ 232. 5.
21. ------------ 9. 5.
22. ------------ 9. 15.

23. ------------ 7. "
24. ------------ 18. "
25. ------------ 8. "

____

284. 5.

Cy ...... 284. 5.

26. .... 28. 2.

27. .... 16. "

328. 7.

qui reſſemblent parfaitement à la plume de Perdrix, ce qui lui en a fait donner le nom.

26. Trois *Turbinites* dont un *Murex* apellé par Rumphius *Caſſis verrucoſa prima*, le *Caſque à Verruës*, & deux *Volutes* nommées *voluta marmorata*, à cauſe de ſa peſanteur & de ſes couleurs, connuës ici ſous le nom de *Leopard* ou *Tigre*; le fond eſt d'un brun foncé avec des taches blanches en forme d'écailles de poiſſon.

27. Deux *Turbinées* que les Holandois comme les François nomment *Pontificia Thiara*, ou *Mitra Papalis*, la *Thiare ou Couronne Papale*. Cette Coquille eſt ornée d'une triple couronne en ligne ſpirale, régulierement garnie de petits angles pointus; elle reſſemble parfaitement à cet ornemeut dont les Papes ſe couvrent ordinairement la tête les jours de cérémonies; elle a été de tout tems très-eſtimée des amateurs, par raport à ſa rareté, & aux belles taches vives & rouges qu'elle a ſur un fond blanc; elle ne ſe pêche qu'en pleine mer. l'animal en eſt fort dangereux à ce que l'on dit.

28. Trois *Turbinites* dont deux *Geogra-*
phiques, & une *Tonne cannellée* à fond blanc
& petites taches de couleur orangée.

29. Une *Bivalve**nommée par Rumphius
Oſtreum echinatum ; *Huitre heriſſée* ou *épi-*
neuſe. Il y en a de beaucoup d'eſpeces differentes ; celle-ci eſt extrêmement bien conſervée, elle eſt adherante à un morceau de
Rocher, ce qui en fait la ſingularité ; il eſt
difficile de les trouver entieres & avec leurs
pointes.

30. Une *Huitre heriſſée*, auſſi adherante
à un morceau de Rocher.

31. Cinq *Turbinites*, dont deux *petits*
Bois vênés, une *Becaſſe*, & deux *petits*
Boutons.

Cette derniere Coquille eſt apellée par
quelques-uns *Fraiſe*, en Hollande on la

---

*Les *Bivalves* ne ſont recherchées des curieux
qu'autant qu'elles ont leursdeux côtés;pour les
avoir ainſi il les faut prendre en pleine mer,
parce que cette eſpece n'eſt jamais jettée ſur
les bords que l'animal ne ſoit mort, & de dix
mille côtés de la même eſpece que l'on y
trouveroit, on perdroit ſon tems à vouloir
en aſſortir deux qui puſſent ſe joindre : c'eſt
une épreuve qui ſouvent a été faite, & toujours ſans ſuccès.

C/ .... 328. 7.

28. .... 24. "

29. .... 36. "

30. .... 24. "

31. .... 6. "

____

418. 7.

Cy . . . . . . 418. 7.

32. . . . . 6. 15.

33. . . . . 13. "

34. . . . . . . 36. 7.
                        ______
                        474. 9.

nomme le *Bouton de Camiſolle*, & ici, le *petit Bouton*; elle eſt de l'eſpece des *Nerites* ou *Sabots*; Bonanni en parle en ces termes: *Nerita nunquam ſatis laudata*; en effet elle eſt admirable; elle ſe trouve couverte de petits grains ſemblables à la Perle ou au Corail rangés très-régulierement en ligne ſpirale juſques au ſommet, & alternativement variés de couleur; ces grains diminuent inſenſiblement à meſure qu'ils gagnent le ſommet de la Coquille & deviennent preſque imperceptibles: les uns diſent qu'elle croît dans la mer du Breſil, d'autres diſent dans la mer Rouge, & que les pêcheurs l'apellent *Cochlea Pharaonia*, la *Coquille de Pharaon*.

32. Cinq autres Coquilles toutes pareilles aux cinq qui ſont énoncées dans l'article précedent.

33. Une très-belle *Araignée* de moyenne grandeur.

34. Une *Volute* apellée en latin, *Voluta Pennata*, & connuë en France ſous le nom de *Drap d'or*; cette eſpece eſt ordinaire-

ment d'une gran de beauté ; l'arrangement de ses taches très-variées, & la vivacité de ses couleurs, font un très-bel effet. On s'en est servi souvent pour des tabatieres aussi bien que des *Argus* ; il y en a de bien des especes, & toutes avec des beautés differentes ; celle-ci est d'une belle grosseur, & des plus parfaites que l'on puisse trouver.

35. Une très-belle *Chicorée*.

TROISIE'ME TIROIR,

36. Huit Coquilles dont six *Turbinites* ; sçavoir, deux *Volutes*, nommées *Cigne* ou *Cierge*, par raport à sa couleur d'un blanc jaune ; elle a ordinairement une tache violette à l'extrêmité de sa bouche, ce qui fait que quelques-uns l'appellent l'*Onix*. Deux *Porcelaines à tête de Serpent*, ainsi nommées à cause de leurs taches. Deux *Limas* dont un est apellé la *Bouche d'or*, & l'autre la *Bouche d'argent*, & deux *Bivalves*.

37. Deux grandes *Harpes* & une grande *Perdrix*.

38. Deux grands *Damiers* & deux *Harpes*.

Cy—— 474. 9.

35. — — — — — 20. "

36. — — — — — 9. " .

37. — — — — — 9. 1.

38. — — — — — 6. 12.
____
519. 2.

Cy .... 519. 2.

39. .... 26. "

545. 2.

39. Une grande *Pourpre Epineuse* * apellée *Chausse-trape* , ¶ par la ressemblance
qu'elle a avec l'instrument de guerre que
l'on nomme ainsi.

Cette Coquille a la même forme que
celle que l'on apelle *Becasse* , avec cette difference qu'elle est garnie de pointes extrêmement grandes & fines , ce qui lui a fait
donner en France le nom de *Becasse épineuse*;
il s'en trouve d'une espece plus petite , &
dont les pointes ne sont ni si aiguës ni en si
grande quantité ; celle-ci est beaucoup plus
rare que les autres , & il est extrêmement
difficile de la trouver avec quelques pointes conservées , & totalement impossible
de les trouver toutes entieres ; elle est une

* On donne ce nom d'*Epineuse* à presque
toutes les *Pourpres*,& tous les *Murex* qui ont
des Epines.

¶ Le *Chausse-trape* est fait de façon,que par
la disposition de ses pointes,il en reste toujours
de droites de quelque maniere qu'on le place ;
on se sert de cet instrument aux lieux où l'on
croit que la Cavalerie ennemie doit passer,afin
que ses pointes entrent dans les pieds des
Chevaux.

des plus grandes & des plus belles de cette espece. Rumphius la nomme *Purpura aculeata.*

40. *Idem.*

41. Une *Argus* & un *Damier* avec des bandes citron.

42. Une extrêmement belle *Volute* apellée par Rumphius *Nigella vera*, que les curieux nomment ordinairement *Brunette*; elle a le fond d'un rouge brun très vif, tacheté d'écailles blanches; c'est une Coquille des plus agréables.

43. Une grande *Thiare* extraordinaire pour sa beauté & sa fraîcheur.

44. Une *Brunette* à fond canelle, tachetée de blanc.

45. Deux *Oreilles de Midas* de couleur de chair.

46. Deux moyennes *Chicorées.*

47. Deux *Harpes* & une petite *Araignée.*

48. Une *Bivalve cannelée & Raboteuse*, apellée *Chama striata*; Bonanni la nomme *Concha Indica*; l'*Indienne*; en France on l'apelle, la *feuille de Chou* ou le *Chou*; sa

Cy .... 545. 2.

40. .... 16. 19.

41. .... 10. "

42. .... 12. "

43. .... 18. 5.

44. ....   9. 5.

45. .... 17. "

46. .... 10. 19.

47. .... 14. 2.

48. .... 18. 2.
                ____

                671. 14.

Cy .... 671. 14.

49 .... 20. "

50 .... 24. "

____

715. 14.

forme eſt charmante, elle a à peu près le poids & quelquefois la couleur de marbre ; elle eſt rachetée ordinairement de pourpre & de couleur de roſe : les curieux en font grand cas.

49. Une parfaitement belle *Globoſée* à fond blanc bandé de pourpre.

50. Une *Bivalve* de l'eſpece des *Cœurs de Bœuf*, auquel nom on pourroit joindre celui d'*Arche de Noé* ; parce que le haut de cette Coquille reſſemble à celle que l'on nomme ainſi. Cette eſpece eſt extrêmement rare & peu connuë ici ; ce qui augmente ſa beauté eſt quand les deux côtés de ſa charniere ſe trouvent noirs, à l'endroit de leur jonction ; elle eſt toute blanche, cannellée, raboteuſe & de la peſanteur du marbre ; celle-ci eſt une des plus belles que l'on puiſſe trouver : elle ne croît jamais ſur les côtes de l'Europe, on la trouve dans le Breſil : voici ce qui la diſtingue des *Cœurs de Bœuf* ordinaires : il ſe trouve ſur le haut une ſurface unie qui empêche que les deux extrêmités des deux côtés ne s'approchent

comme aux autres *Cœurs de Bœuf* & elle a de petits crans extrêmement fins, qui lui servent de charniere.

51. Deux grandes *Alênes* parfaitement pointuës & tachetées.

52. Deux *Damiers* & deux *Ecorchées*.

53. Deux *Pourpres épineuses* nommées par Bonanni, *Purpura triangularis* ; par raport à ce qu'elle est divisée en trois faces, par trois rangées de rameaux pointus qui ressemblent à des feuilles pliées en deux : elle est de l'espece des *Chausse-trapes*, & une des plus rares des *épineuses*. On donne ce nom de triangulaire à plusieurs épineuses qui sont disposées de la même maniere.

54. Deux *Oeufs* & deux *Perdrix*.

55. Deux petites *Porcelaines*, deux petits *Bois vênés*, & deux *Araignées à oreille de Cochon*.

QUATRIE'ME TIROIR.

Ce Tiroir est extrêmement beau, il n'est rempli que de *Bivalves* toutes d'une perfection & d'une singularité extraordinaire, & dont

Cy .... 715. 14.

51. .... 6. 10.

52. .... 13. ".

53, ... 18. ".

54. .... 12. ".
55. .... 16. ".

____

781. 14.

781. 4.

56 . . . . 9.

790. 4.

dont la plûpart font des jeux de la nature.
On pourroit, pour ainfi dire, fe fervir à chaque Coquille de ce Catalogue, des termes
de parfaitement beau, d'extraordinairement
bien conditionné, de perfection fans égale,
&c. Mais pour ne point ennuyer par ces mots
fi fouvent repetés & qui paroîtroient peut-
être affectés & ridicules, je me contenterai de
faire fentir la rareté de certaines Coquilles,
quand l'occafion de le faire l'exigera, étant
neceffaire d'en inftruire les Curieux, & l'on
pourra en admirer la perfection & la beauté
en les venant examiner.

 56. Une *Bivalve* nommée *Pinne Ma-
rinne.*

Cette Coquille fe trouve dans le fable;
les Auteurs lui ont donné differens noms:
les Latins l'ont apellée *Pinna*; les François
la nomment *Nacre*, à caufe de la beauté de
fon interieur, & vulgairement, *Jambon*, ou
Jambonneau, felon fa grandeur. Il y en a de
plufieurs efpeces; les unes ont des pointes,
les autres n'en ont point: elle demeure
toujours fichée dans le fable par le bout

G

qui eſt pointu , & s'y tient attachée avec une queuë ſemblable à de la laine ou de la ſoye qu'elle a ordinairement à un de ſes cô-tés. On employe cette ſoye ou laine à dif-ferens uſages dans les pays où elle ſe trouve; il y en a d'extrême ment grandes.

57. Un petit *Cœur de Bœuf* en *Arche de Noé*.

58. Une *Bivalve* apellée en latin, *Chama littterata* , connuë en France ſous le nom d'*Ecriture Chinoiſe*, par raport à la confor-mité de ſes rayes avec les caracteres de l'écri-ture Chinoiſe : en Hollande on la nomme la *Nate de jonc* ; je n'ay pris de ces eſpeces que celles que j'ai trouvées également mar-quées des deux cotés ; elles ne ſont pas communes quand elles ont les couleurs vi-ves & diſtinctes. Cette eſpece eſt fort va-riée.

59. Deux *Bivalves* , *Conques de Venus*. Ces deux-ci ſont des rares de leur eſpece ; parce qu'elles ſont vivement tachées de noir à une des parties de leur jonction, ce qui ne leur eſt pas ordinaire.

Cy ———— 790. 4.

57. . . . . 20. 3.

58. . . . . 30. //.

59. - - - - - - - 6. //.

____

846. 7.

Cy .... 846. 7.

60. .... 6. 16.

61. .... 10. 19.

62. .... 13. 10.

63. .... 26. 19.

64. .... 30. ".

65. .... 7. ".

66. .... 16. ".

67. .... 72. ".

____

1029. 11.

60. Une grande *Ecriture Chinoise*.

61. Un petit *Chou* vivement tacheté de pourpre.

62. Un *dit* plus grand.

63. Une grande *Huitre*, dont la forme est singuliere. Rumphius la nomme *Ostreum plicatum minus*; quelques-uns lui donnent le nom d'*Oreille de Cochon*, mais le plus ordinairement & même en Holande, on la connoît sous celui de *Crête de Coq*; elle est rare & toujours fort brillante en dedans; quelquefois on l'appelle l'*Aîle de Chauve-souris*.

64. Une *dite*.

65. Un grand *Chou*.

66. Une grande *Huitre épineuse*, d'une forme particuliere.

67. Une grande *Huitre* extrêmement baroque & presque noire en dehors, & en dedans. On la nomme en latin *Ostreum divisum*; on la connoît ici sous le nom de *Marteau*, & en Holande sous celui de *Croix* ou de *Crucifix*, parce qu'elle ressemble assez à l'une ou à l'autre de ces trois choses. Cette Coquille est dans une haute réputation pour

fa grande rareté : elle a la forme la plus irreguliere.

68. Un *dit* plus petit.

69. Une *Bivalve* parfaitement reſſem-
blante à un cœur, auſſi en a-t'elle conſervée le nom : elle eſt d'une très-belle forme;
il s'en trouve de differentes eſpeces. Celle-
ci eſt apellée le *Cœur de Venus* ; elle eſt den-
tellée tout autour, avec de très petites
cannellures, & un travail extrêmement leger ſur ſa ſurface; les curieux la recherchent
par raport à la régularité de ſon travail.

70. *Idem*

71. Deux *Huitres épineuſes* ſingulierement
attachées l'une à l'autre.

72. Une *Huitre heriſſée* de tous ſes côtés,
dont les branches ſont fortes & preſque
quarrées par le bout. Cette eſpece eſt extrêmement rare.

73. Un groupe de cinq *Huitres* adheran-
tes les unes aux autres.

Cette Coquille eſt nommée par Rumphius *Oſtreum cratium*; les Curieux la nomment ici la *Feuille*, parcequ'elle lui reſſemble

Cy .... 1029. 11.

68. --------- 18. " .

69. --------- 8. " .

70. --------- 8. " .
71. --------- 17. " .
72. --------- 20. " .

73. --------- 36. " .

____

1136. 11.

	1136.	11.
74.	16.	10.
75.	36.	"
76.	30.	9.
77.	15.	"
	1234.	6.

& auſſi parce qu'elle eſt preſque toujours attachée à un petit morceau de bois qui lui ſert, pour ainſi dire, de branche ; on trouve de même ce morceau de bois à une des cinq de ce groupe. Cette eſpece eſt fort rare, & il eſt encore plus rare d'en trouver une ſi grande quantité attachées enſemble.

74. Deux *Huitres* dont l'une a une forme extraordinaire & l'autre eſt plate ; cette derniere ſe nomme en latin *Oſtreum placentiforme, ſive Ephippium* ; la *Selle* ; quelques uns y ajoutent *Polonoiſe* ou *Angloiſe* ; ici on la nomme la *grande pelure d'Oignon*. Ces deux eſpeces ſont réputées rares.

75. Une grande *Huitre épineuſe*.

76. Une autre *Huitre* dont les pointes ſont très-grandes ; & qui eſt adherante à un morceau de Rocher.

77. Une *Huitre* ou *Conque de Venus*, connuë ſous le nom de *Levantine*, & vulgairement ſous celui de *Gourgandine* ; en Holande on la nomme *Concha veneris vetula, propter rugas*. Elle n'a point de couleurs ; elle eſt cannellée profondément & ſes can-

nelures forment des efpeces de feuillets
très-faciles à rompre. On la reconnoît pour
être extrêmement rare.

78. Deux *Bivalves* dont une eft un *Cœur
de Bœuf*, cannellé & couvert de petits tubercules en forme de Thuiles ; on nomme
cette Coquille en latin *Buccardium* ; elle fe
trouve en Perfe & dans la mer rouge ; le
dedans doit être rouge ; il y en a d'une autre
efpece dont le dedans eft blanc.

L'autre Coquille de ce numero eft une
efpece de *Noix de mer* très-régulierement
tachetée.

79. Une grande *Ecriture Chinoife*.

80. Une efpece de *gros Cœur de Bœuf*,
cannellé très-profondément & feuilleté,
dont j'ignore le nom ; elle eft fi rare que je
n'ai trouvé perfonne qui m'ait dit l'avoir
vuë, & c'eft la feule que j'aye trouvé, même
en Holande ; fa forme eft admirable.

81. Une efpece de *Crête de Coq* toute
garnie de pointes & fingulierement attachée à un morceau de Rocher. Rumphius
la nomme *Oftreum plicatum majus* ; c'eft la

Cy .... 123 l. 6.

78. .... 18. 5.

79. .... 6. „.

80. .... 30. „.

81. .... 16. 5.
____

1304. 16.

Gy ------ 1304. 16.

82. -------- 24. 1.

83. -------- 24. "

84. -------- 13. 9.

85. -------- 13. 15.

86. -------- 6. 16.

87. -------- 13. 19.
                     ————————
                     1400. 12.

plus rare de cette espece.

82. Un double jeu de nature qu'il n'est pas facile de rendre par écrit. C'est une petite *Huitre épineuse* nichée sur l'extrêmité d'une petite plante marine qui ressemble à une fleur, laquelle plante se trouve adherante à un caillou ; la disposition de ce groupe ressemble assez à un *Héaume* : cet assemblage est extrêmement joli.

83. Un groupe singulier, formé par deux grandes *Huitres* & une *Feuille*.

84. Une *Crête de Coq*, d'une espece particuliere ; je n'en ai point encore vû de cette forme.

CINQUIE'ME TIROIR.

85. Six *Turbinites*, dont deux *Tonnes* cannellées & tachetées. Deux *Porcelaines* apellées, *petites Argus*, à cause des petites taches blanches qui sont semées sur sa surface. Une *Geographique*, & une autre *Porcelaine*.

86. Deux *Perdrix* & deux *Harpes*.

87. Trois Coquilles, dont deux *Tigres* ou *Damiers*, à fond blanc & bandes jaunes, ta-

cheté régulierement de pourpre ; & une *Chicorée.*

88. Deux *Turbinites* dont un *Buccin* apellé vulgairement le *Fuseau* ou la *Quenouille*, par la ressemblance qu'elle a avec ces instrumens dont la plûpart des femmes se servent pour filer , & que l'on nomme *Fuseau* & *Quenoüille*. L'autre est une grande *Alêne.*

89. Deux *Murex épineux*, apellés vulgairement *Roties.*

90. Quatre *Turbinites*, dont deux *Draps d'or*, & deux *Ecorchées.*

91. Deux moyennes *Chicorées.*

92. Une *Ecorchée*, une *Thiare*, & un *Brocard de soye.*

93. Deux *Porcelaines*, deux *Fuseaux*, & deux *petits Bois vênés.*

94. Deux *Chicorées.*

95. Une très-belle *Globosée* à fond blanc, avec des bandes ondées de couleur pourpre, & un *Tigre à bandes* couleur de citron.

96. Deux *Harpes* & une *Becasse.*

97. Six pieces; sçavoir une *Geographique*, une

1400. 12.

88. . . . . 10. ,, .

89. . . . . 11. 19.

90. . . . . 13. 17.

91. . . . . 12. 12.

92. . . . . 8. 3.

93. . . . . 12. 2.

94. . . . . 8. 3.

95. . . . . 12. 2.

96. . . . . 7. 14.

97. . . . . 12. ,, .
____
1509. 4.

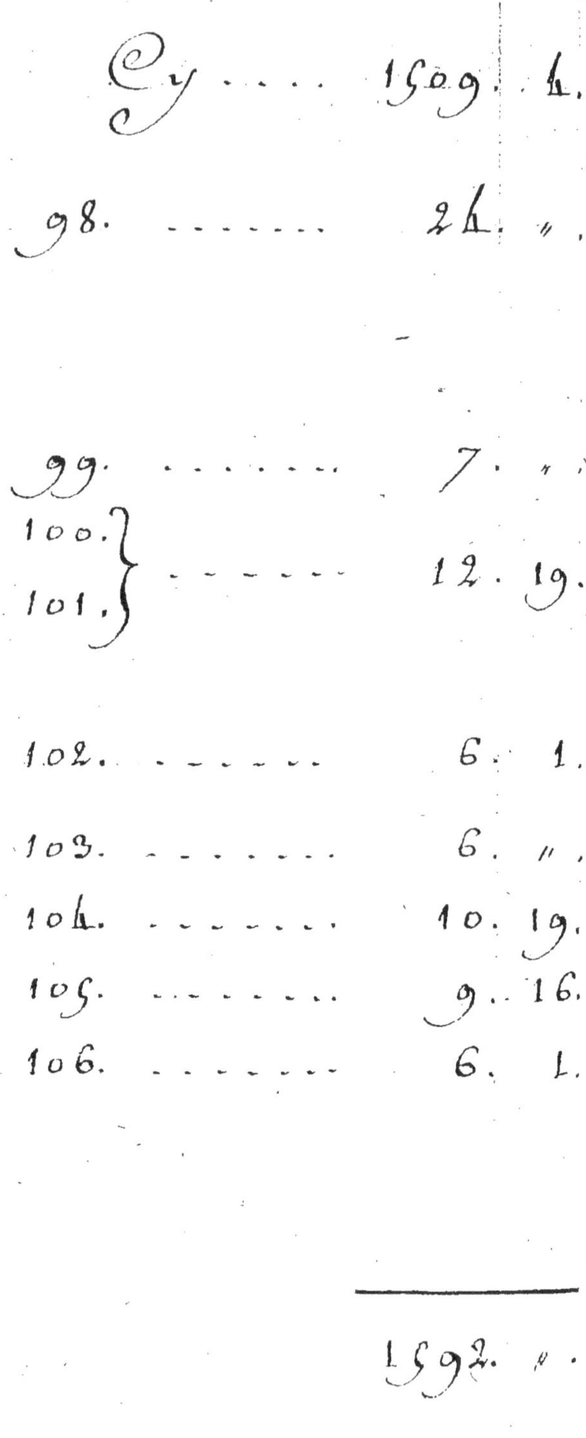
Cy .... 1509. 4.

98. .... 24. „.

99. .... 7. „.

100.
101. } .... 12. 19.

102. .... 6. 1.

103. .... 6. „.

104. .... 10. 19.

105. .... 9. 16.

106. .... 6. 4.

1592. „.

une *Porcelaine* à tête *de Serpent* , deux *Da-miers* , & deux *Murex raboteux* à fond blanc.

98. Deux *Turbinites* à fond jaune, tachettées regulierement de pourpre foncé , apellées en latin *Meta butiri* , & connuës ici sous le nom de *Plote de beure* ; elles ne font pas communes à trouver belles.

99. Une *Argus* & un *Oeuf.*

100. Deux *Chicorées.*

101. Une *Thiare* , & une *Brunette* d'une couleur extraordinaire.

SIXIEME TIROIR

102. Une *Chicorée* , avec deux écailles de Tortuë.

103. Deux grandes *Harpes.*

104. Deux *Perdrix* , & une *Geographique.*

105. Une grande *Chicorée.*

106. Une grande *Turbinite* , nommée en latin, *Cimbium* , la *Gondole* , & connue ici sous le nom de *Couronne d'Ethiopie* , à caufe de la tête de cette Coquille, qui forme une cou-ronne pleine d'angles pointus également di-ftribués en ligne fpirale, avec un bouton de

couleur d'ivoir dans le milieu ; le reste de la Coquille est couleur de noisette; elle se trouve en Perse ; quelques Latins la nomment *Velum nauticum.*

107. Deux autres *Couronnes d'Ethiopie* d'une espece differente, à fond couleur de paille.

108. Deux *Murex Raboteux* ou *Culotes de Suisse.*

109. Deux grosses *Plotes de Beure*, très-vivement & très-régulierement tachetées.

110. Un *Murex* garni par tout de pointes noires sur un fond blanc ; ces pointes vont en ligne spirale, & en diminuant du bas en haut. Rumphius l'apelle *Cassis verrucosa prima, sive Ceramica,* aparamment parce qu'il se trouve dans le golfe de Carie proche Halicarnasse, le *Casque plein de verrues.* Cette espece n'est pas commune.

111. Deux *Argus.*

112. Deux *Tonnes Gannellées* de differentes especes, chacune avec un petit bouton d'une couleur extrêmement vive sur l'extremité de sa tête.

Cy .... 1592. ...

107. ------------   15.   8.

108. ----------   20. 12.

109. ----------   25.   1.

110. ----------   40. 10.

111. ----------   12. 10.

112. ----------   15.   1.
                   ____

                   1721. 2.

Cy ---------- 1721. 2.

113. ---------- 22. 14.

114. ---------- 9. 19.

115. ---------- 7. 18.

416. ---------- 8. 3.

117. ---------- 18. 4.

118. ---------- 29. 10.

119. ---------- 6. 12.

120. ---------- 30. 4.

121. ---------- 16. 12.

122. ---------- 36. 1.

____

1906. 11.

113. Deux *Murex* apellés, *Murex Saxa-tilis*, le *Rocher*; il n'est pas commun; & un petit *Bois vêné*.

114. Deux petites *Porcelaines*, & une *Araignée*.

115. Deux Boëtes Rondes garnies de Verre, & remplies de differens Insectes.

S E P T I E M E   T I R O I R.

116. Deux *Ecailles*, & un *Squelette de Tortuë*.

117. Une grande *Tonne*, & une grande *Perdrix* singulierement tachetée.

118. Un *Casque à Verruës* & un *Rocher*.

119. Une grande *Araignée*.

120. Deux *Couronnes d'Ethiopie*.

121. Deux *Porcelaines*, un *Cœur de Bœuf* & une *Chicorée*.

122. Une *Univalve* dont la forme ressemble assés à la Poupe d'un Vaisseau, apellée ordinairement *Nautilus Papiraceus*: le *Nautile de Papier*: par raport à l'extrême délicatesse de sa Coquille qui est aussi mince que du papier; d'autres la nomment *Nautilus le-*

Hij

gitimus ou bien *Ovum Polypi*. Ce *Nautile* est
Blanc, transparent, poli & fragile ; il a des
rayes ou cannelures longues & rondes : il se
trouve dans la mer Adriatique. Quelques-
uns ont prétendu que cette Coquille a donné l'idée de la construction des premiers
Vaisseaux & que ce fut Pompilius qui en
fut l'inventeur ; c'est pourquoi les latins
l'apelloient *Pompilus* : l'Animal qui habite
cette Coquille est très-singulier ; on en trouve la description dans le Spectacle de la Nature, tome trois, folio 231. on l'apelle *Nau-*
tilus Papiraceus, pour la distinguer d'une autre espece que l'on nomme *Nautilus Crassus*,
le *Nautile Fort*, dont la Coquille est moins
fragile. Celle-ci est très-grande & fort saine
ce qui est difficile à trouver, à cause de sa
legereté ; les curieux l'estiment beaucoup
quand elle se trouve entiere.

123. Deux *Murex*, apellés en latin *Vestis*
Persica, la *Robe Persienne*, parce qu'elle
imite l'étofe dont se couvrent la plûpart des
Perses. On y voit regner à commencer du
bas jusques à la pointe deux petites raies d'un

1906. 11.

123. . . . . 18. 1.

1924. 12.

Cy ------ 1924. 12.

124. --------   19. "

125. --------   2. 10.

126. --------   6. 17.

127. --------   7. 2.

128. --------   21. 6.

129. --------   7. 15.

130. --------   7. 19.
                  ————
                  1997. 1.

rouge noirâtre : on la trouve dans la mer de
Perſe ; elle eſt rare & fort eſtimée par Bonanni.

124. Un grand *Chou.*

125. Deux Ecailles de Tortuë, & quatre
Foudres.

126. Deux *Porcelaines*, & un *Cœur de
Bœuf.*

HUITIEME TIROIR.

127. Deux *Argus*, deux *Geographiques*,
une *Madrepore* ou plante pierreuſe, apellée
vulgairement l'*Oeillet de Mer*, & une autre petite plante cruë ſur la tête d'un
Lepas.

128. Une eſpece de *Murex* à fond aurore,
dont la tête eſt garnie de grandes pointes
rangées en ligne ſpirale, & deux *Araignées*
de differente eſpece.

129. Deux groſſes *Porcelaines* à tête de
Serpent, deux *Geographiques*, une *Madrepore*, ou *Oeillet de Mer*, & une *Araignée.*

130. Un grand *Tigre*, & un grand *Brocard de Soye.*

131. Deux *Limas* à fond blanc, avec un bouton brillant sur l'extrêmité de leur tête, apellés vulgairement, *l'Oeil de Bœuf;* & une *Crustacée* *, nommée *Ourfin* ou *Gros bouton.* Ce *Bouton* est artistement & regulierement travaillé par la nature; les Grecs l'ont apellé *Calix Echinatus*, le Bouton herissonné; d'autres l'apellent, *Cydaris Mauri*; il y en a de differentes especes. Le poisson qui l'habite est le mieux armé de tous, il est rond comme une boule, son corps est tout couvert de pointes dont il se sert au lieu de pieds, & il marche en roulant; les Naturalistes conservent quelquefois cette Coquille.

* On appelle ordinairement *Crustacées*, les Poissons dont la *Couverture* est d'une matiere legere & fragile, & ceux dont les Ecailles font molasses, tendres, & minces ou divisées par des jointures differentes. & composées de plusieurs pieces, ainsi que celles des *Ecrevisses de mer*, des *Cancres*, des *Crabes*; il se trouve des *Crustacées*, comme l'Ourfin dont il est parlé dans ce N°. desquelles la *Couverture* ne forme, pour ainsi dire, qu'une croute extrêmement fragile. On apelle au contraire *testacées*, les Poissons dont les Ecailles font fortes, épaisses, & d'une seule piece, comme les *Huitres*, les *Petoncles*, & autres Coquillages.

1997. 1.

131. . . . . 11. 5.

2008. 6.

Ey ..... 2008. 6.

132. ------- 12. 12.

133. ------- 16. 12.

134. ------- 9. 2.

135. ------- 5. //.

____

2051. 12.

avec ses pointes, mais elle est bien plus belle quand elle en est dépouillée ; elle se pêche dans la Mer Rouge.

132. Une *Madrepore* nommée vulgairement le *Champignon de mer* , par raport à sa parfaite ressemblance avec nos champignons ordinaires ; & une autre plante cruë sur la tête d'un *Lepas.*

133. Un autre *Bouton hérissonné* , apellé *Diadema Turcarum* ; une *Plante marine* cruë sur une petite Coquille , & une autre *Plante* très-legere connuë sous le nom de *Dentelle* , par raport à la délicatesse de son travail.

134. Un autre grand *Herisson de mer* d'une matiere plus solide , sur le dos duquel il y a une espece d'étoile percée à jour, très-legerement : on le nomme *Echinus sulcatus primus.*

135. Une *Biva've* toute blanche apellée en latin, *Concha imbricata* , connuë ici sous le nom de la *Tuilés* , par raport à sa forme qui aproche de celle de nos tuiles , elle se pêche dans la mer rouge , il y en a de differentes

ſpeces, garnies d'élevations plus ou moins
fortes.

{ 136. Une *Araignée femelle*, & deux
petits Bois vênés.

136. Une *Araignée mâle.*

137. Un moyen *Nautile de papier* avec
des taches rouſſâtres ſur l'extrêmité de ſon
arête.

NEUVIEME TIROIR.

Ce Tiroir ne contient que des Mineraux,
Criſtaliſations, Petrifications & autres matieres pierreuſes, entre leſquelles ce qu'il y a
de plus remarquable, ſont.

138. Un très riche morceau de Mine d'Argent, dans lequel on aperçoit ce métail
diſtribué par lames & feüilles, dans tous les
côtés & fentes de la pierre ; & trois autres
morceaux de Mine d'Or.

DIXIEME TIROIR.

139. Quatre *Bivalves* de differentes eſpeces & deux *Univalves*, apellées vulgairement
Oreille de mer; on lui a donné ce nom par

Cy .... 2051. 12.

136.
136. ———— 14. 12.

137. .... 16. " ..

138. .... 98. 18.

139. .... 6. " .

2187. 2.

@y ——— 2187. 2.

1 40. ——————— 1 5. 12.

————————
2202. 1 4.

raport à sa reſſemblance avec l'Oreille humaine ; Bellonius l'apelle la *Grande Patelle*.
L'*Oreille de mer* n'a qu'une Ecaille comme le
Lepas, étant de l'autre côté attachée au Rocher ; elle eſt de Nacre en dedans , & rude
au dehors , marquée de pluſieurs lignes tor-
ſes au bout deſquelles il y a des trous, qui
de même que les lignes, vont toûjours en
agrandiſſant , à meſure qu'elles s'éloignent
davantage de la tête de la Coquille ; elle ſe
trouve ſur nos côtes, mais elle eſt rarement
belle & conſervée ; le deſſus doit être d'un
beau verd.

140. Trois pieces, dont une *Bivalve* toute
blanche & unie, très-rare; une autre *Bivalve*
auſſi blanche & canellée avec de petits
Tubercules ; elle imite nos rapes à bois ,
ce qui lui a fait donner le nom de *Rape* ; &
une *Univalve* apellée *Patella* par les Latins ,
& *Lepas* par les Grecs. Quelques-uns l'apellent *Ecaille de rocher* , parce qu'on l'y
trouve toûjours attachée : elle n'a qu'un
côté comme l'*Oreille de mer*; il y en a de
pluſieurs eſpeces. Cette Coquille eſt tranſ-

parente , & paroît ordinairement belle quand on la regarde à travers le jour ; il y en a de cette espece que l'on apelle *Oeil de Bouc.*

141. Deux *Huitres hérissonnées.*

142. Six pieces dont deux *Moules*, deux *Lepas*, & deux *Petoncles*, ou *Peignes* ; il y en a de differentes especes & de toutes couleurs : les unes à oreilles égales, les autres à oreilles inegales, & enfin quelques-unes avec une seule oreille : d'autres ont le fond uni, & d'autres sont cannellées, raboteuses & *Tuberculeuses*; l'espece qui est comprise dans ce numero est tres-estimée en Hollande ; elle est ordinairement unie, grise, ou caffé au lait, pardessus, & très-blanche en dessous : elle est mince & fragile ; ce qui fait la difficulté de la trouver entiere ; on la connoît en France sous le nom *d'Eventail.*

143. Deux petits *Cœurs de Venus.*

144. deux *Ecritures Chinoises.*

145. Une *Crête de Coq.*

146. Un Groupe de trois *Crêtes de coq.*

147. Trois pieces dont un *Eventail* &

G . . . . . 2202. 14.

141. . . . . 14. " .
142. . . . . 11. 19.

143. . . . . 14. " .
144. . . . . 18. 10.
145. . . . . 12. " .
146. . . . . 14. " .
147. . . . . 15. 5.

2202. 8.

Cy. ____ 2302. 8.

148. ____________ 18. 2.
149. ____________ 20. "
150. ____________ 22. 19.
151. ____________ 18. 18.

152. ____________ 30. "
153. ____________ 46. 4.
____
2458. 11.

deux autres *Petoncles*, apellés vulgairement le *Manteau Royal*. C'est la plus belle de cette espece : elle est ordinairement cannellée & raboteuse, & doit avoir des couleurs variées & très-vives.

148. Deux *Cœurs de bœuf* en *Arche de Noé*.

149. Deux *Huitres hérissonnées*.

150. Deux petits *Nautiles papiracés*, & un *Lepas*.

151. Trois *Bivalves*, dont un *Chou*, & deux *Fraises*. Cette derniere est une espece de petit *Cœur triangulaire* cannelé, & ainsi apellé, par raport à de petits tubercules rouges semblables à ceux des fraises, qui s'élevent sur ses cannellures ; elle se prend dans la Jamaïque : Bonanni l'estime beaucoup, il l'apelle *Cor veneris leviter imbricatus* : elle n'est pas commune.

152. Une *Ecriture Chinoise*, & un *Chou*.

153. Deux *Bivalves*, apellées en Latin *Solen lignorum* : sa forme est particuliere, son dessus est blanc & cannellé, avec de petites rayes violettes : le dedans est tout violet ; elle est fort rare.

154. Deux petits *Nautiles* , un *Lepas* &
deux autres *Bivalves* apellées par Rumphius,
Tellina Violacea, la *Tenille violete*.

ONZIEME TIROIR.

155. Six *Bivalves* de differentes efpeces.

156. Deux efpeces de *Noix de Mer* &
une *Huitre hériffonnée*.

157. Une *Huitre épineufe* à fond blanc &
petites taches noires.

158. Huit *Bivalves* d'efpeces differentes,
dont entre autres, une *Tenille* violette, &
une toute blanche que l'on apelle vulgairement le *Chagrin*, par raport aux petits grains
ferrés & piquans dont elle eft couverte.

159. Deux *Huitres hérifées*, & deux petites *Pinnes*.

160. Deux *Manteaux Royaux*.

161 Un grand *Chou*.

162. Un vrai *Concha Vénéris* , garni de
pointes, & ainfi apellé, *à fimilitudine perfecta
pudendi mulieris* , *cum coloribus & pilis* ; on
n'en trouve jamais toutes les pointes entieres.

Cy — — —	2458.	11.
154.	14.	5.
155.	6.	15.
156.	26.	15.
157.	11.	„
158.	10.	1.
159.	8.	15.
160.	17.	„
161.	13.	2.
162	6.	„
	2572.	4.

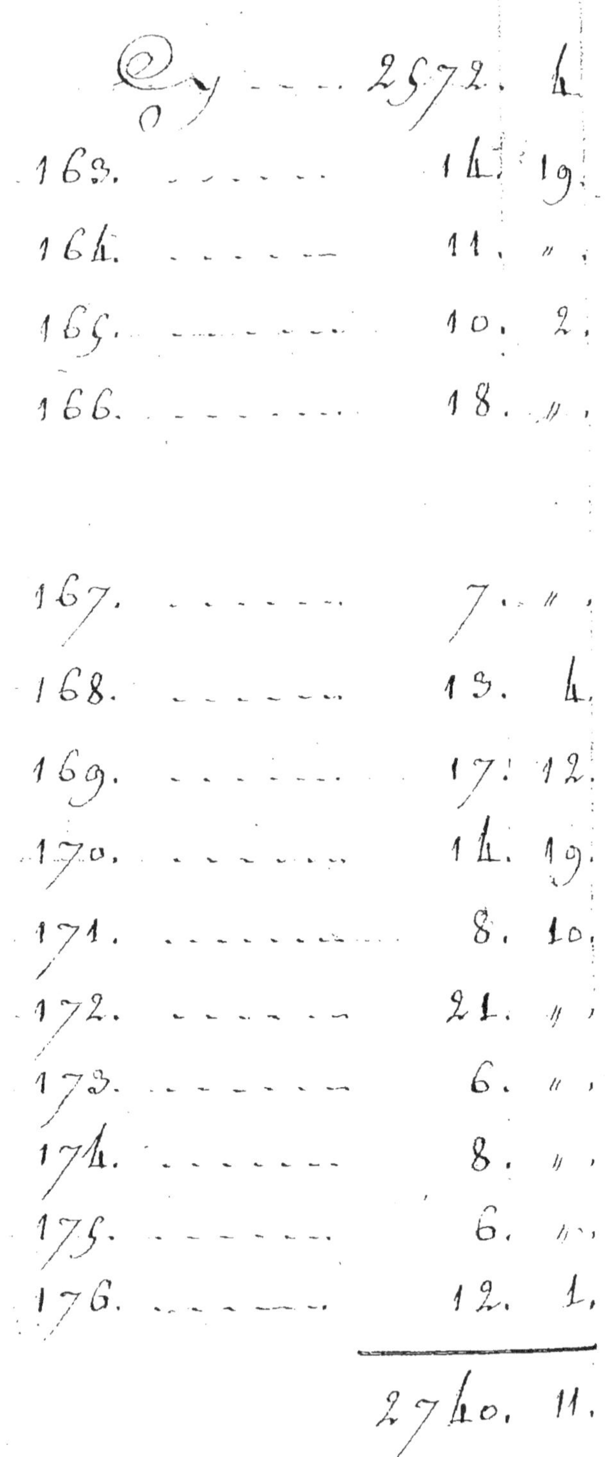

Cy ---- 2572. 4
163. .... 14. 19.
164. .... 11. " .
165. .... 10. 2.
166. .... 18. " .

167. .... 7. " .
168. .... 13. 4.
169. .... 17. 12.
170. .... 14. 19.
171. .... 8. 10.
172. .... 21. " .
173. .... 6. " .
174. .... 8. " .
175. .... 6. " .
176. .... 12. 1.

2740. 11.

163. Deux petits *Choux*.

164. Deux petites *Huitres* très-épineuses, & un *Cœur de Venus*.

165. Deux *Concha Veneris*.

166. Trois *Bivalves*, dont deux differens *Manteaux Royaux*, & une autre toute blanche apellée la *Tricotée*; cette espece n'est pas commune. Rumphius la nomme *Chama Scobinata*; on l'apelle ici la *Lime*.

167. Deux petits *Oursins*, deux petites *Tuilées*; & un *Cœur de Venus*.

168. Deux *Huitres* épineuses & une *Ecriture Chinoise*.

169. Deux *Tricotées* ou *Limes*.

170. Une *Ecriture Chinoise*, & deux *Huitres* hérissées.

171. Deux petits *Choux*.

172. Deux *Rapes* & un *Manteau Royal*.

DOUZIEME TIROIR.

173. Deux petites *Robes Persiennes*.

174. Deux petites *Chicorées*.

175. Deux *Bivalves*, deux *Lepas*, & un *Oeillet de mer*.

176. deux *Fuseaux*.

177. Une *Turbinite* apellée vulgairement
l'*Escalier*, ou le *Cadran*; cette Coquille est
des plus admirables , tant pour la régularité
de son interieur qui ressemble à un escalier
tourné,& en pointe , que par raport aux taches régulieres qui se trouvent dessus sa
surface ronde,qui a la forme d'unCadran;les
Latins l'apellent, *Cochlea umbilicata* ; elle
se pêche dans la mer des Indes ; quelques-
uns l'apellent la *Perspective* ; en Angleterre
on la nomme la *Rosette d'Epinette* : en effet
elle y a beaucoup de raport : celle ci est une
des plus belles de cette espece.

178. Deux *Pourpres épineuses* à fond blanc
& épines noires ; il y a diverses especes de
ces *Pourpres* : les Curieux les distinguent
par les noms de *Brulées*, ou *Roties* : les *Brulées*, sont celles qui sont presque noires dans
toutes leurs parties ; & les *Roties*, celles qui
ont des épines extrêmement noires, qui
se détachent de dessus un fond blanc ; cette
espece est la plus rare : elles sont très difficiles à trouver parfaites : ces deux sont des
mieux conservées ainsi que plusieurs autres
que j'ay de la même espece.

Cy ..... 2740. 11.

177. .... 4. 15.

178. .... 44. 6.

____

2789. 12.

Cy ---- 2789. 12.
179. -------- 6. „.
180. --------- 9. „.
181. -------- 20. 1.
182. }
183. } -------- 18. 4.
184. --------- 7. 1.
185. -------- 4. „.
186. -------- 13. 5.

2867, 3.

179. Deux *Harpes*.

180. Une petite *Rotie* & deux *petits Bou-*
tons de Camisole.

181. Un grand *Cadran* extraordinairement
vif en couleur.

182. Deux *Roties*.

183. Deux petites *Becasses épineuses*.

184. Deux *Limas*, deux *petits Bois vénés*,
& une *plante marine* cruë sur une très-petite
Coquille.

185. Deux *petits Boutons de Camisole* &
un *Cœur triangulaire*

186. Six *Eguilles** de differentes especes;
ces Coquilles sont extrêmement variées
dans leurs formes & dans leurs couleurs:
on les nomme ainsi, parce qu'elles sont longues & pointuës; il est difficile de les ren-
contrer bien aiguës par le bout: presque

* Ce mot d'*Eguille* que l'on donne à ces Coquilles pour les distinguer des autres, ne doit
pas être pris ici pour le petit morceau d'Acier
dont les femmes se servent ordinairement
pour coudre, mais pour Obelisque, Pyramide,
ou Clocher que ce mot signifie quelquefois.
Ce nom ne leur est donné que dans ce sens &
parce que leur forme est piramidale.

toutes celles que j'ai, le font très-regulierement.

187. Deux *Roties*.

188. Deux *Brulées*.

189. Une *Cilindrique* à fond couleur d'or
&écailles blanches: cette coquille eft une des
plus rares que j'aye vûë en Hollande : elle
eft extrêmement belle & des plus grandes
qui fe trouvent de cette efpece : j'en ignore
tout à fait le nom; elle eft auffi rare, & j'ofe
dire auffi belle que , *l'Amirale* dont ils font
tant de cas dans la Hollande.

190. Une *dite*.

191. Une *dite*.

192. Deux grandes *Roties*.

193. Deux petits *Nautiles forts gravés*,
& deux petits *Oeillets de mer*.

194. Une *Harpe*, avec deux *Bivalves* de
differentes couleurs dont une des deux eft
apellée la *Caftagnete*.

195. Un *Drap d Or*, une *Brunette*, &
quatre petites *Porcelaines*.

196. Deux grandes *Ecorchées*, & une *Turbinite* connuë fous le nom de *Couronne
imperiale*

Sum: 2867. 3.

187. . . . .   7. 15.
188. . . . .   11. 1.
189. . . . .   13. ".

190. . . . .
191. . . . .
192. . . . .   10. ".
193. . . . .   16. ".
194. . . . .   8. ".

195. . . . .   7. 19.

196. . . . .   12. 1.
                        ____
                        2952. 19.

Cy ——— 2952. 19.

197. ——————— 7. 2.

198. ——————— 16. 5.

199. ——————— 5. //.

200. ——————— 5. //.

201. ——————— 24. //.

202. ——————— 14. //.

____

3024. 6.

Impériale ; en latin *Voluta Coronata* ; cette derniere eſt fort belle , rare & très-eſtimée des Curieux.

TREZIEME TIROIR.

197. Six pieces dont deux petits *Foudres*, deux *Lepas* , & deux petites *Becaſſes*.

198. Une *Thiare* , une grande *Becaſſe*, & une autre *Turbinite* que ſelon Bonanni on a apellé en France, la *Plume* , par raport, à ce qu'il dit , à ſa reſſemblance avec la plume d'Autruche. Les Hollandois la nomment , *Mitra Epiſcopi* , *la Mitre* ; ce qui paroît plus convenable à ſa forme ; Le fond en eſt blanc, & elle eſt d'autant plus eſtimée quand les taches rouges qui y ſont irrégulie-rement ſemées, ſont vives en couleur.

199. Deux petites *Porcelaines* , deux au-tres *Turbinites* , & deux *Harpes*.

200. Deux petits *Cœurs de Venus* , & deux petites *Argus*.

201. Deux *Fuſeaux*.

202. Quatre *Eguilles* de diverſes eſpeces, & deux *Damiers* à bandes jaunes.

203. Une *Alêne* & deux *Harpes*.

204. Deux *Ailées*, apellées par Rum-phius *Epidromis Albus*, & connues en France sous le nom de *Tourterelle* ou *Pigeon blanc* : elle n'est pas commune ; on l'estime quand sa pointe est bien entiere & qu'elle est d'un beau blanc ; il y en a aussi de grifes.

205. Une petite *Gourgandine*, deux *petits Boutons de Camisole*, & deux *Olives* très-brunes apellées vulgairement la *Veuve*, ou la *Moresque* : les *Olives* ne sont pas ordinairement de cette couleur ; les plus estimées de cette espece sont celles qui sont d'une seule couleur, ou très-brune, ou de veritable couleur d'Olive.

206. Deux *Rochers* & quatre petites *Argus*.

207. Une *Musique*, un *Plein-chant*, & deux *Harpes*.

208. Un *Murex Pentidactile*, apellé par quelques-uns *Cornuta nodosa*, & connuë en France sous le nom de *Scorpion* ; cette Co-quille est une des plus rares & des plus

Cy...... 3024. 6.
203. ....   5. 4.
204. ....   16. 10.

205. ....   12. 1.

206. ....   8. "
207. ....   20. 5.
208. ....   17. 1.
                 ____
                  3103. 7.

Cy --- 3109. 7.

209. ------- 6. 4.

210. ------- 6. 9.

211. ------- 26. 2.
____

3141. 18.

difficiles à trouver parfaite & conservée : sa beauté consiste en ce que les pates qui sont très-fragiles doivent être entieres, bien nouées, & tortuées, avec une queuë fort courbée ; l'interieur de son ouverture doit être orné de differentes rayes vives : on l'apelle ainsi par la ressemblance qu'elle a avec l'animal dangereux qui porte ce nom ; elle ne se pêche que par hazard dans les Indes & y est même rare : il y en a d'une autre espece que l'on apelle le *Scorpion Femelle* ; elle n'est ni si belle ni si rare.

209. Huit pieces dont deux *Alênes*, deux petites *Porcelaines*, deux especes de *Murex* & deux *Eguilles* apellées, *Strombus Angulosus* ; l'*Eguille à angles* : on la met ici dans l'espece de celles que l'on nomme *Chenille*, ou parmi les *Clochers*.

210. Un *Cadran*, & deux *petits Boutons*

QUATORZIEME TIROIR.

211. Huit *Bivalves* dont deux *Castagnetes*, deux *Tenilles violettes*, & quatre autres de differentes especes.

I ij

212. Un *Chou* très-vivement tacheté.

213. Une *Tuilée*, & un *Manteau Royal*.

214. Deux *Petoncles* ou *Evantails*.

215. Deux *Tenilles violettes*, une *Pinne Marine*, & une autre *Bivalve* plate & écaillée à fond gris de maur & bandes d'un blanc sale, dont le dedans est d'une très belle Nacre : j'en ignore le nom ; elle est assés rare.

216. Une *Bivalve* pareille à la précedente, & une *Tuilée*.

217. Deux vrais *Concha Veneris* avec pointes.

218. Deux petites *Tuilées* & une *Huitre* herissonnée.

219. Un *Cœur de Bœuf en arche de Noé*.

220. Un *dit*.

221. Un *Chou* & une grande *Ecriture Chinoise*.

222. Une petite *Huitre épinneuse*, à fond blanc & épines de couleur incarnat ; elles sont difficiles à trouver de cette couleur.

223. Deux petites *Pinnes marines*, &

	£	s
report	3141	18
212.	24	1
213.	62	6
214.	8	5
215.	11	6
216.	15	15
217.	7	12
218.	9	"
219.	8	"
220.	7	10
221.	7	7
222.	16	"
223.	29	19
	3348	19

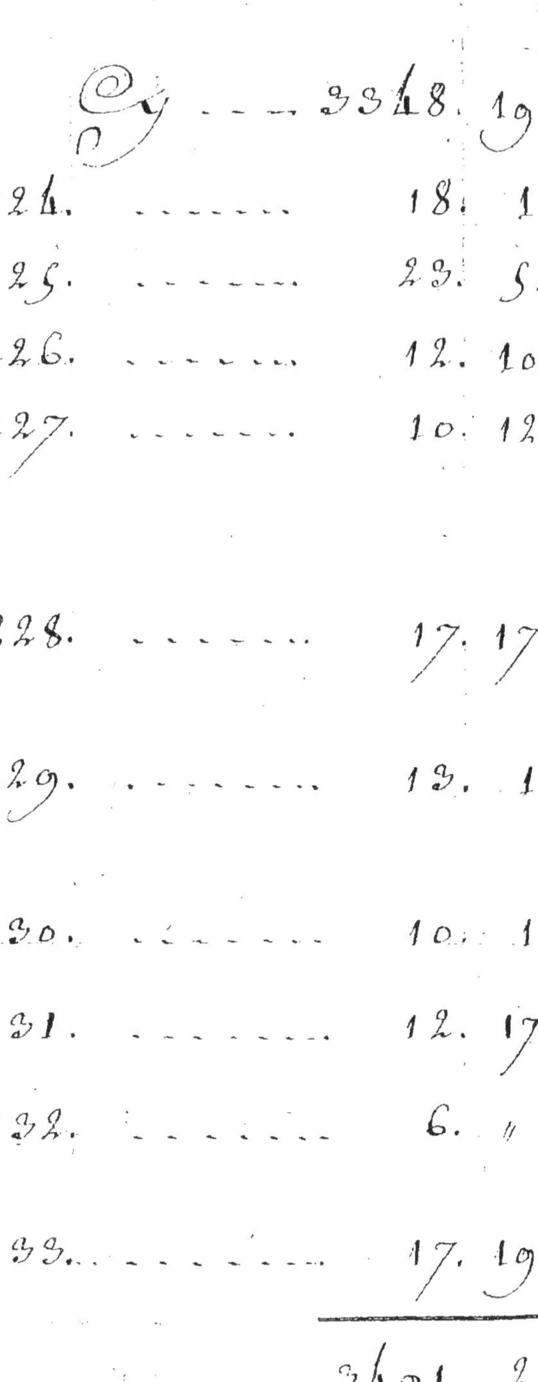

Cy ——— 3348. 19.

224. ——— 18. 1.
225. ——— 23. 5.
226. ——— 12. 10.
227. ——— 10. 12.

228. ——— 17. 17.

229. ——— 13. 1.

230. ——— 10. 1.
231. ——— 12. 17.

232. ——— 6. 4.

233. ——— 17. 19.

3491. 2.

quatre autres *Bivalves* de diverſe eſpeces.

224. Deux *Cœurs de Bœuf*.

225. Deux *Fraiſes*, & une petite *Huitre* épineuſe à fond blanc.

226. Deux *Cœurs de Venus*.

227. Une petite *Huitre* très-épineuſe deſſus & deſſous, à fond blanc & taches noires; elle eſt attachée à un morceau de Corail blanc : cette Coquille eſt admirable pour ſa délicateſſe.

228. Deux très-petites *Tuilées*, deux *Cœurs triangulaires*, & deux autres *Bivalves* de differente eſpece.

229. Un grand *Cœur de Venus*.

QUINZIEME TIROIR.

230. Six pieces, dont deux *Sabots*, deux *Tigres* à Ecailles, & deux *Bivalves*.

231. Un *Murex raboteux*, & deux *Damiers*.

232. Huit pieces, dont deux *Eguilles*, deux petites *Argus*, & quatre autres diffe- rentes *Turbinites*.

233. Deux *Brulées* & deux *Draps d'Or*.

234. Deux petites *Becaſſes* & une *Alêne*.

235. Deux *Chagrins*, deux *Fraiſes* & deux *Tenilles*.

236. deux *Roties*, deux *Limas à peau de Serpent* & deux *Porcelaine*.

237. Deux extrêmement belles *Harpes* de la rare eſpece.

238. Deux petits *Fuſeaux* & une petite *Becaſſe épineuſe*.

239. Un *Plein-chant*, deux *Harpes* & une *Muſique*.

240. Deux *Brulées* & une *Muſique*.

241. Deux *Foudres*, & un petit *Chou*.

242. Six differens *Limas* & deux *petits Bois vénés*.

243. Une *Huitre épineuſe* adherante à un morceau de rocher, & deux *Caſques*.

SEIZIEME TIROIR.

244. Une grande *Turbinite* très-vive en couleur apellée vulgairement, le *grand Caſque*, ou le *Turban*.

245. Une grande *Chicorée*.

246. Une *dite*.

Cy ----- 2491. 2.

234 .... 6. 8.

235. .... 11. 5.

236. .... 18. //.

237. .... 18. 1.

238. .... 18. 1.

239. .... 9. 19.

240. .... 19. 2.

241. .... 10. 1.

242. .... 6. 19.

243. .... 13. 19.

244. .... 13. // .

245. .... 8. 1.

246. .... 19. 19.

____

3659. 17.

Cy	3659.	17.	
247.	9.	1
248.	7.	//
249.	10.	11.
250.	18.	//
251.	7.	12.
252.	10.	//
253.	30.	5.
254.	35.	//
255.	6.	//
256.	18.	//
257.	14.	15.
258.	9.	1.
259.	7.	//
	3842.	2.

247. Une très-grande *Araignée mâle*.

248. Deux très-grosses *Perdrix*.

249. Deux grandes *Couronnes d'Ethiopie*.

250. Une très-belle & très-grande *Trom-*
pe marine.

DIX-SEPTIEME TIROIR.

251. Deux gros *Burgaux*, ou *Perroquets*.

252. Une très-grande *Araignée mâle*.

253. Un très-grand *Nautile de papier*,
bien conservé.

254. Un *dit*.

255. Deux *Porcelaines*, apellées ordinairement *Lapin* ou *Levreau*; Rumphius les
nomme, *Cochlea Testudinaria* : elles ne sont
pas si communes que les autres Porcelaines,
& sont fort estimées en Hollande.

256. Quatre pieces, dont deux *Sabots*
nommés, en latin *Strombus primus seu Ma-*
culosus; le *Sabot tacheté* : & deux grosses
Porcelaines à tête de Serpént.

257. Un grand *Chou*.

258. Deux grosses *Perdrix*.

259. Une moyenne *Trompe marine*.

260. Une grande *Argus* avec des taches vives.

DIX-HUITIEME TIROIR.

261. Six pieces, sçavoir; deux *Eguilles*, deux *Casques cendrés*, & deux *Bivalves*.

262. Cinq pieces, dont une *Bouche d'or*, une *Bouche d'argent*, un *Lépas*, une *Oreille de mer*, & un *Sabot tacheté*.

263. Six pieces, sçavoir; deux *Damiers*, deux *Becasses épineuses*, & deux grosses *Chenilles*.

264. Deux *Ecorchées* & deux *Bécasses*.

265. Un *Fuseau*.

266. Six pieces, dont deux *Eguilles*, deux Petits *Nautiles forts* & deux *Volutes* apellées en latin, *Voluta filis cincta*, & connuës sous le nom de *Volute* ou *Sabot rayé*: elle a le fond minime avec de petites rayes noires également diftribuées fur toute fa furface; d'autres la nomment la *Minime*.

267 Deux *Fraises*, & deux *Ecorchées*.

268. Deux *Rapes*, & deux *Thiares*.

269. Deux *Eguilles*, deux *Bouche d'or*, & deux *Harpes*.

270.

Cy ——— 3842. 2.
260. ——————— 18. „ .

261. ——————— 3. 5.
262. ——————— 4. „ .

263. ——————— 17. 16.

264. ——————— 12. 12.
265. ——————— 10. 10.
266. ——————— 10. „ .

267. ——————— 7. 3.
268. ——————— 6. 10.
269. ——————— 6. 1.
____
3937. 19.

Cy ..... 3937. 19.
270. .... 7. 10.

271. .... 2. 7.
272. ⎫
        ⎬ .... 78. 13.
273. ⎭

274. .... 4. 5.

275. .... 11. //.
                    ____
                    4041. 14.

270. Une *Musique*, un *Plain-chant*, deux petites *Alénes*, & un *Limas à peau de Serpent*.

271. Deux *Eguilles*, deux petites *Argus*, & deux *petits Bois vénés*.

272. Deux petites *Argus*, deux *petits Bois vénés*, & une *Harpe*.

DIX-NEUVIE'ME TIROIR.

273. Ce Tiroir n'eſt rempli que de Coquilles de la très-petite eſpece, toutes très-belles & bien conſervées, parmi leſquelles il s'en trouve de rares & de ſingulieres. Le détail en deviendroit trop long, c'eſt pourquoi je les ai compriſes toutes ſous un ſeul numero : ce Tiroir ſera diviſé à la vente en pluſieurs articles.

VINGTIE'ME TIROIR.

274. Deux *Limas à peau de Serpent*, deux petites *Argus*, deux *Eguilles*, & deux autres *Turbinites*.

275. Une *Brunette*, deux petites *Tonnes cannellées*, & deux petits *Buccins*.

K

276. Deux *Volutes*, apellées vulgairement le *Taffetas*, & deux *Brulées*.

277. Deux *Draps d'or*, & deux petites *Chicorées*.

278. Deux *Mitres*, & une *Minime*.

279. Deux *Eguilles*, deux *Casques*, apellés vulgairement le *Casque pavé*, à cause de ses taches quarrées régulierement placées sur sa surface unie ; & deux *Ecorchées*.

280. Deux *Robes Persiennes*, & deux *Harpes*.

281. Deux *Becasses*, & une *Huitre épineuse*.

282. Deux *Eguilles*, deux *Bouches d'or*, deux petits *Foudres*, & deux autres especes de *Murex*.

283. Deux *Murex épineux*.

284. Deux *Couronnes Imperiales*.

285. Deux petits *Boutons de Camisole*, & un *Cadran*.

286. Deux autres *petits Boutons de Camisole*.

287. Deux petites *Bouches d'argent* ; deux *Limas* spiralement rayés, connus sous

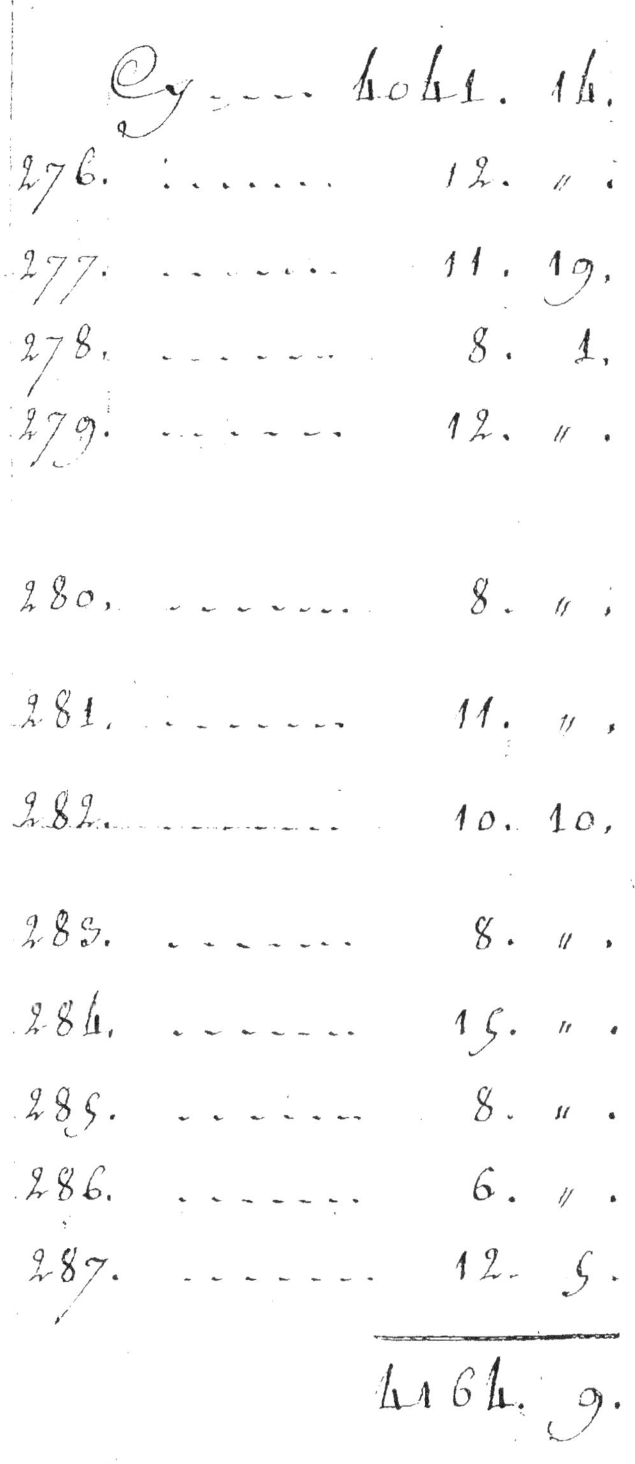

Gr— 4041. 14.
276. .... 12. // .
277. .... 11. 19.
278. .... 8. 1.
479. .... 12. // .

280. .... 8. // .
281. .... 11. // .
282. .... 10. 10.
283. .... 8. // .
284. .... 15. // .
285. .... 8. // .
286. .... 6. // .
287. .... 12. 5.

4164. 9.

4164.

288. — 15. 2.

289. — 18. //

290. — 6. //

291. — 16. 10.

292. — 6. 10.

293. — 8. 10.

294. — 6. 1.

295. — 8. 5.

296. — 4. 13.

297. — 5. 1.

4259. 1.

le nom de *Cornets de St. Hubert* ; & deux petites *Nerites* toutes blanches, apellées vulgairement par rapport à leur forme, le *Teton,* ou *Mammelon.*

288. Deux *Cœurs triangulaires* , & deux *Limas* unis, legerement rayés.

289. Deux *Eguilles* , deux *Porcelaines* , & deux *Culotes de Suisse.*

290. Deux *Tourterelles grises.*

291. Deux *Harpes* de la belle espece , & un *Murex.*

VINGT-UNIE'ME TIROIR.

292. Deux *Draps d'or* , deux *Foudres,* & deux *Casques cendrés.*

293. Deux petites *Tonnes cannellées* , & tachetées ; & deux *Becasses.*

294. Deux *Draps d'or,* & une petite *Becasse épineuse.*

295. Deux *Eguilles* , deux *Taffetas* , & deux *Roties.*

296. Deux *Murex épineux* , d'une couleur singuliere , & deux *Draps d'or.*

297. Une *Mure* , & quatre petites *Trom*

pes, dont deux font à fond blanc tacheté de noir. La figure de cette derniere Coquille reffemble à un clocher : on la nomme ordinairement la *Tour de Babel*; il y en a beaucoup de cette efpece aufquelles on donne le même nom.

298. Deux *Eguilles*, deux *Limas à peau de Serpent*, une *Mufique*, & un *Plain-chant*.

299. Deux efpeces de *Murex* de couleur minime, apellés par Rumphius, *Caffis afpera*; le *Cafque garni de pointes*; une *Perdrix*, & deux *Pourpres* fingulieres.

Rumphius apelle cette derniere, *Purpura Gibbofa*, la *Boffuë*, par rapport aux élevations irregulieres dont elle eft couverte, & qui font garnies, de même que le refte de fa furface, de petits Tubercules. Cette Coquille, quoique difforme, eft fi élegamment travaillée, qu'elle rejoüit la vûë. Sa bouche eft extrêmement étroite & d'une figure baroque: il femble que la nature fe foit plû à la rendre irreguliere dans toutes fes parties; ce qui a donné lieu en France de l'apeller la *Grimace*: elle a le fond de canelle brun, &

Cy ---- 4259. 1.

298. -------- 8. 19.

299. -------- 10. 1.

4278. 1.

Cy ---- 4278. 1.

300. ------- 6. 3.

301. ------- 10. "

302. ---------- 5. "

303. ------- 10. 1.

304. ------- 7. 3.

305. ------- 5. 1.

306. ------- 7. 16.

307 ------------

4329. 5.

les Tubercules blancs : on la pêche dans les Indes. Elle n'est pas commune.

300. Deux *Brulées*.

301. Deux *Draps d'or*, deux *Tetons*, & deux autres *Turbinites*.

302. Deux *Escaliers*, deux petites *Ecor-chées* ; & une *Bivalve papiracée*.

303. Deux *Eguilles*, deux petites *Bouches d'Argent*, deux *Harpes*, & deux *Culotes de Suisse*.

304. Deux *Brulées*.

305. Deux *Ecorchées*, deux *Draps d'or*, & une *Mitre*.

306. Deux *Eguilles*, deux petites * *Ne-rites canellées*, apellées *Pintade* ; une petite *Rotie*, & une petite *Brulée*.

307. Deux *Tigres*, deux *Foudres*, & deux autres *Volutes*. Cette derniere Coquille est apellée par Rumphius, *Voluta arenata*, la *Volute sablée*, par rapport à ses petites tachés vives & aussi fines que des chiures de

* La *Nerite* est l'espece la plus variée ; elle fournit des Coquilles admirables.

K iij

mouche : elle eft à fond blanc tacheté de brun : on la connoît ici fous le nom de *Moire*.

308. Deux *Minimes*, deux *Draps d'or*, & un *Buccin*.

VINGT-DEUXIE'ME TIROIR.

309. Deux petites *Argus*, deux petites *Chenilles*, deux *Mitres*, & deux *Eguilles* blanches. Rumphius apelle cette derniere, *Strombus caudatus*, l'*Eguille à queuë*, par rapport à une petite queuë relevée qui eft à l'extrêmité de fa bouche.

310. Deux *Harpes*, deux *Tours de Babel* & une *Bivalve* rayée.

311. Deux *Eguilles* & deux *Brulées*.

312. Deux *Taffetas*, deux *Draps d'or*, deux *Buccins*, & deux *Volutes* unies, jaunes & blanches.

313. Un *Sabot rayé*, deux *Buccins* apellés par Rumphius *Buccinum lineatum*, le *Buccin à filets* : & deux autres *Buccins raboteux* affez finguliers.

314. Deux *Brulées* & deux autres *Turbinites* jaunâtres.

Summa ..... 4329. 5.

308. .... 5. 19.

309. .... 4. 15.

310. .... 16. " .

311. .... 7. 1.

312. .... 6. " .

313. .... 4. " .

314. .... 7. 18.
                    ____
                    4380. 18.

Cy ..... 4380. 18.

319. .... 9. "

316. .... 6. 5.

317. .... 22. 15.

318. .... 16. 5.

319. .... 12. "

320. .... 3. "

4450. 3.

315. Deux petits *Murex*, un *Casque uni à bandes*, & un autre, aussi à bandes & chagriné.

316. Une *Olive Moresque*, un *Casque*, & deux *Murex*, apellés par Rumphius, *Cassis verrucosa tertia*; je crois qu'on la nomme en Holande, les *Raïons du Soleil*, ou la *Solaire*, à cause de ses pointes, qui, par leur distribution, ressemblent aux Raïons du Soleil.

317. Deux *Eguilles*, deux *Brulées*, & deux autres *Volutes* à fond blanc & taches couleur de pourpre foncé, apeliées *Voluta spectrorum*, la *Volute des Spectres*, à cause des figures hideuses que representent ces taches.

318. Deux especes de *Bossuës* ou *Grimaces* legeres & assés semblables à nos Gaufres par la couleur & le travail. Cette espece est extrémement rare.

319. Deux *Tours de Babel*, deux *Brocards d'or*, deux *Mitres*, & une autre *Turbinite*.

320. Deux *Eguilles* & quatre autres

K iiij

Turbinites, dont deux font blanches & *Papiracées*, connuës fous le nom de *Radix*.

321. Deux petits *Cafques raboteux*, deux petits *Buccins rayés*, & deux petits *Ourfins*.

322. Cinq pieces, dont deux *Nerites*, apellées vulgairement la *Quenote* ou la *Gencive*, par raport à la reffemblance parfaite d'un des côtés de fon ouverture, avec une Gencive garnie de petites dents naiffantes. Une petite *Becaffe épineufe*, & deux *Volutes*, apellées en Latin, *Voluta Guinaica*, la *Guinée* : on la nomme en France, l'*Aîle de Papillon* ou *la Speculation*, par raport à l'arrangement de fes taches & bandes, qui reffemblent fort à cette étofe qui étoit d'ufage il y a quelques années. Cette Coquille eft fort belle & fort eftimée des Curieux.

323. Deux petits *Draps d'or*, deux *Cœurs triangulaires*, & deux *Nerites*, apellées les *Tefticules* ; cette Coquille eft ainfi nommée *à duabus parvis eminentiis, quæ in inferiori parte, fæpius apparent & tefticulos, quodam modo, reprefentant.*

324. Deux *Limas à peau de Serpent*,

Cy..... 4450. 3.

321. ....   7. 10.

322. ....   8. 1.

323. ....   4. 11.

324. ....   6. 14.
                ─────────
                4476. 19.

Cy ——— 4476. 19.

325.	———————	6. 12.
326.	———————	4. ″.
327.	———————	4. 10.
328.	———————	6. 11.
329.	———————	4. 6.
330.	———————	8. 1.
331.	———————	3. 10.
332.	———————	7. 13.
333.	———————	7. 10.

4529. 12.

deux petites *Tuilées*, & deux *Nerites*.

325. Deux petites *Brulées*, & un *Cadran*.

326. Deux *Eguilles*, deux *Brulées*, & deux *Nerites*.

327. Deux petites *Doubletes à fond blanc* & *taches brunes*, Deux petits *Buccins cannellés*, & *à côtes*, apellés, le *Clocher Gotbique*, & deux autres *Turbinites*, nommées *Gueule noire*. Cette derniere Coquille n'est pas commune.

328. Deux *Quenotes*, deux *Limas*, & une *Alêne*.

VINGT - TROISIE'ME TIROIR.

329. Deux *petits Bois venés*, deux *Harpes*, & deux *Eguilles garnies de pointes*.

330. Deux petites *Tours de Babel*, dont une est tachetée singulierement; deux *Brulées*, & deux petites *Mitres*.

331. Deux *Draps d'or*, & une autre *Turbinite*.

332. Deux *Grimaces*, deux petites *Speculations*, & deux autres *Volutes* singulieres.

333. Deux *Roties*, & deux *Tonnes à bandes & chagrinées*.

334. Une *Musique*, un *Plain-chant*, deux *Ecorchées*, & une *Volute* particuliere.

335. Deux *Limas*, deux *Chenilles*, & deux *Harpes*.

336. Deux *Brulées* & deux autres *Murex épineux*, couleur de noisette & peu communs.

337. Deux *Casques pavés* & une *Turbinite aîlée*, rayée & tachetée très-regulierement.

338. Deux *Draps d'or*, deux *Minimes*, un *Taffetas*, un *Brocard de soye*, & deux *Volutes* de différentes especes.

339. Deux *Roties*, deux *Casques*, & deux *Buccins raboteux*.

340. Deux *Tigres*, deux *Mitres*, & un *Concha Veneris*, à *Pointes*.

341. Deux *Eguilles*, deux *Epineuses Grises*, & deux *Turbinites* particulieres.

342. Deux *Harpes*, une *Couronne Imperiale*, un *Tigre*, & deux *Tours de Babel*.

343. Trois *Turbinites* de trois differentes especes, & deux *Epineuses en Pate de Crapau*, apellées la *Crapaudine* : cette

G .... 4629. 12.

334. .... 6. 10.

335. .... 12. ''.

336. .... 13. 2.

337. .... 7. 10.

338. .... 7. 1.

339. .... 7. 5.

340. .... 4. 10.

341. .... 7. 1.

342. .... 4. 15.

343. .... 12. 1.

____

4611. 7.

Sum — 4611. 7.

344. ········· 16. „ .

349. ········ 6. 18.

346. ········ 8. „ .

347. ······· 7. 15.

348. ······· 6. 2.

349. ······· 7. 1.
____

4663. 9.

derniere est ainsi apellée , parce que les Epines de la partie inferieure sont larges par l'extrémité & ressemblent à la Pate d'un Crapau; elle est une des plus rares des *Epineuses.*

344. Deux *Casques à bandes & chagrinez,* un *Radix*, une *Nerite*, deux *Limas à Peau de Serpent*, & deux *Volutes* d'especès differentes.

345. Deux *Tonnes cannellées & tachetées,* deux *Ailées*, un *Lepas*, & deux *Volutes* particulieres.

346. Deux *Limas à peau de Serpent*, deux *Pintades*, deux *Ailes de Papillon*, & deux *Herissées tuberculeuses.*

347. Deux *Crapaudines*, deux *Volutes,* apellées vulgairement le *Navet*, une *Musique*, un *Taffetas*, & une autre *Volute.*

348. Deux *Burgaux*, deux *Clochers Gotiques*, deux *Harpes*, deux *Quenotes*, & deux *petites Argus.*

349. Deux *petits Herissons*, deux *Murex en forme d'Eperon*, & deux *Boutons de Camisole.*

350. Deux *Boutons de Camifole*, deux *Tetons* & un *Cadran*.

VINGT-QUATRIE'ME TIROIR.

351. Deux *petits Bois vénez*, deux *Buc-cins raboteux*, deux *petites Argus*, & deux petits *Ourfins*.

352. Deux *petites Argus*, deux *Limas à peau de Serpent*, & une *Tonne pavée*.

353. Quatre *Eguilles*, dont deux *à queuë*, un *Drap d'or*, & un *Cierge*.

354. Deux *petites Becaffes épineufes*, & deux *Ecorchées*.

355. Deux *Brulées*, & une *petite Becaffe épineufe*.

356. Deux *Plain-chants*, & deux *Harpes*.

357. Deux *Volutes fablées*, ou *Moires*.

358. Deux *Culs de lampe*, garnis d'angles régulierement diftribués en ligne fpirale. Cette Coquille eft apellée *Pagode*, parce qu'elle reffemble aux toits des Temples Chinois que l'on nomme Pagodes; on l'a-pelle auffi le *pétit toît Chinois* : elle eft très-

	4663.	3.
350.	15.	"
351.	4.	10.
352.	3.	19.
353.	8.	19.
354.	12.	"
355.	15.	19.
356.	9.	"
357.	14.	"
358.	24.	1.
	4770.	11.

Cy ..... 1770 . 11.

259. ------------- 12. "

260. ----------- 16. 10.

361. ----------- 9 . 19.

362. ---------- 12 . 19.

363. ---------- 12 . "

364. ---------- 20 . 1.

365. ------------ 4 . 1.

366. --------- 4 . 7.

367. --------- 17 . 15.
____
4890 . 3.

agréable & d'un fort beau travail. Elle n'est pas commune.

359. Deux *Pourpres raboteuses*, & une grande *Couronne Imperiale*.

360. Deux *Tigres*, deux *Brulées*, & deux *Draps d'or*, dont il y en a un qui est singulierement tacheté.

361. Deux *Epineuses couleur de rose* : il est très rare de les trouver de cette couleur.

362. Deux *Taffetas*, & une *Rotie*.

363. Quatre *Limas* de differentes especes, quatre *Porcelaines* aussi de differentes especes, & deux *Bivalves*.

364. Une *Huitre herissée*, une autre *Huitre* nommée la *Feuille*, attachée à un petit morceau de bois qui lui sert ordinairement de branche ; & deux *Fraises*.

365. Deux petits *Cœurs de Venust*, & un *Limas rayé*.

366. Deux petites *Tuilées*, deux *Limas* & une *Quenote*.

VINGT-CINQUIE'ME TIROIR.

367. Deux *Huitres* garnies de beaucoup

de pointes, & adhérantes à des morceaux de Rocher; elles font d'une efpece peu commune.

368. Deux efpeces de *Noix de mer*, une *Ecriture Chinoife*, une *Chagrinée*, & un grand *Manteau Royal*.

369. Deux *Huitres heriffonnées*, dont une eft adhérante à un Caillou.

370. Six *Bivalves* de diverfes efpeces.

371. Un *Manteau Royal*, & deux autres *Bivalves* d'efpeces differentes & peu communes.

372. Une *Huitre garnie de pointes*, & trois autres *Bivalves*, parmi lefquelles il s'en trouve une qui eft particuliere.

373. Deux petites *Huitres heriffées*.

374. Un petit *Marteau* ou *Crucifix*, très bien conditionné.

375. Deux *Ecritures Chinoifes*, une *Caftagnete*, & cinq autres *Bivalves* de differentes efpeces.

376. Une *Crête de Coq*.

377. Un *Cœur de Bœuf en Arche de Noé*.

378. Un Groupe très-fingulier de trois

1890. 3.

368. — — — — — — — 33. 5.

369. — — — — — — — 9. 19.

370. — — — — — — 56. 7.

371.
     } — — — — — — 12. 2.
372.

373. — — — — — — 4. 19.

374. — — — — — — 45. 5.

375. — — — — — — 22. 11.

376. — — — — — — 14. 5.

377. — — — — — — // //

378. — — — — — — 24. //

————————————

5112. 16.

Cy ...... 5112. 16.

379. .... 7. 15.
380. .... 12. //

381. .... 15. //

382. .... 14. 5.

383. .... 22. 16.

384. .... 12. //

____

5196. 12.

Crêtes de Coq , adhérentes l'une à l'autre ;
cette espece se trouve rarement ainsi.

379. Un petit *Chou* un *Eventail* , & une
petite *Tuilée*.

380. Un *Concha Veneris* , une *Fraise* ,
& quatre *Petoncles* de diverses especes
singulieres.

381. Douze petites Coquilles, tant *Uni-*
valves Turbinites , que *Bivalves* , entre lesquelles il y en a quelques unes qui ne
sont pas communes.

382. Deux especes de *Rochers* , deux
Ecritures Chinoises , & deux autres *Bival-*
ves.

383. Deux *Huitres feüillées* , & dont il
y en a une d'un jaune foncé ; couleur rare
à trouver dans les productions de la Mer :
ces deux *Huitres* ne sont pas communes.

384. Trois pieces , dont une *Ecriture*
Chinoise particulierement tachetée , une
Moule , dont le dessus est noir & le de-
dans de Nacre ; elle ressemble assez à une
Hirondele , ce qui lui en a fait donner le
nom ; la troisiéme Coquille est une autre

Bivalve, dont la forme aproche de celle d'un petit Bateau ; on l'apelle vulgairement l'*Arche de Noé* : ces deux dernieres Coquilles ne font pas communes.

VINGT-SIXIE'ME TIROIR.

385. Huit pieces, dont deux *Foudres*, un *Tigre*, & cinq autres *Turbinites*.

386. Cinq pieces, dont deux *Pourpres*, apellées en Latin, *Purpura Clavata*, la *Pourpre garnie de Clous*, par raport aux différentes pointes dont elle eft couverte, qui aprochent de la forme des Clous; Un *Limas à Peau de Serpent*; Une *Couche d'Argent*, & une *Umbilique* * apellée en Lat. *Umbilicus Laciniatus*, la *Dechiquetée* : on apelle cette Coquille en France le *Dauphin*: il y en a qui la nomment *Cochlea Lunaris Aspera*, la ¶ *Lunaire Raboteufe*; le de-

* On donne ce nom à toutes les Coquilles dont la Forme de la Tête aproche de celle du nombril.

¶ La Lunaire eft celle dont l'ouverture de la bouche eft ronde, & la demie Lunaire, celle dont cette ouverture ne forme qu'un demi Cercle.

Cy ----- 5196. 12.

385. -------- 4. 15.
386. -------- 12. //

5213. 7.

Cy ------ ₤213. 7.

387 ------------------ 10. "

388. --------------- 26. "

389. --------------- 23. 11.

390, ---------------   7, 10.

391. ------------ 20. 19.

392. ------------   9. "
                    ____
                    ₤310. 7.

dans est d'une Nacre magnifique.

387. Cinq pieces, dont une *Porcelaine* ; une grande *Olive*, apellée *Cylindrus Porphireticus*, le *Porphire* ; un *Casque à Bandes & Chagriné* ; un *Murex* singulier, & une autre *Turbinite*.

388. Deux *Harpes*, & une *Bivalve blanche*, apellée la *Tricotée*, ou la *Lime* : cette Coquille est rare.

389. Une *Thiare* parfaite, un *Murex* & une autre *Turbinite*.

390. Huit pieces, dont deux differentes *Eguilles*, deux *Volutes*, deux *petits Bois Vénez*, & deux autres *Turbinites*, toutes de differentes especes.

391. Huit pieces, Sçavoir ; une *Moresque*, une véritable *Olive*, tant pour la couleur, que pour la forme ; deux *Epineuses* de différentes especes, deux *Volutes* à fond blanc taché de diverses couleurs, & une autre *Turbinite* non commune.

392. Deux petits *Buccins*, deux *Volutes*, & deux *Murex*, toutes de diverses especes.

I i

393. Deux *Harpes*, deux *Tonnes*, & deux petites *Tours*.

394. Deux *Epineuses*, & une grande *Aile de Papillon*.

395. Deux *Ecorchées*, d'une espece particuliere, deux petites *Tours*, deux differens *Casques*, & deux petites *Coquilles Herissonées*.

396. Une *Moire*, deux *Brulées* à pate de *Crapau*, & une *Couronne imperiale*.

397. Une petite *Oreille de Midas*, un *Casque à Bandes*, une *Brulée*, une *Tonne*, & une autre *Turbinite*.

398. Huit piéces, sçavoir; deux petits *Casques*, deux petits *Buccins raboteux*, deux *Perroquets*, & deux petites *Herissonnées*.

399. Six *Coquilles* : deux *Minimes*, un *Cornet de S. Hubert*, un autre *Limas singulier*, & deux petites *Epineuses*.

400. Deux *Sabots* particuliers, deux *Tetons*, & un *Escalier*.

401. Deux petites *Argus*, une *Bouche d'Argent*, un *Limas à peau de Serpent*, &

Cy .... 5310. 7.
393. .... 5. 19.
394. .... 10. 2.
395. .... 23. 1.

396. .... 20. 1.
397. .... 10. 1.

398. .... 7. 10.

399. .... 13. 13.

400. .... 4. 15.
401. .... // //
                ____
                5405. 9.

	5405.	9.
402.	5.	5.
403.	10.	1.
404.	12.	1.
405.	18.	1.
406.	18.	19.
407.	7.	11.
408.	18.	2.
409.	8.	4.
410.	4.	12.

5507. 10.

deux autres *Limas* à fond blanc rayé.

402. Quatre differentes *Nerites* singulieres, & deux *Cœurs Triangulaires.*

403. Deux *Escaliers,* & une petite *Becasse.*

VINGT - SEPTIE'ME   TIROIR.

404. Une *Becasse épineuse ,* deux *Mitres,*
une *Eguille faite en Vis de Pressoir,* & une
autre *Turbinite.*

405. Une *Ailée à pointe longue, faite en
forme de Clocher,* & une longue Coquille
très-fragile en forme de Tuyau , nommée
vulgairement *l'Arrosoir,* ou le *Brandon de
l'Amour* : Ces deux Coquilles sont fort
rares.

406. Deux *Ecorchées,* & un *Fuseau.*

407. Deux *Brunetes* de diverses especes & couleurs.

408. Un *Scorpion Femelle.*

409. Deux grandes *Eguilles* singulieres,
& deux *Murex* à pointes noires.

410. Deux *Harpes ,* un *Casque pavé,* &
un autre *Casque.*

L ij

411. Deux *Bouches d'Argent*, dont une est dépouillée, & une grande *Culote de Suisse*.

412. Six pieces, sçavoir : *Un Radix*, deux *Turbinites*, nommées vulgairement la *Figue*, à cause de la ressemblance qu'elle a avec ce fruit ; une *Tonne Canellée & Tachetée*, une *Perdrix* & une autre petite *Globosée Papiracés*, apellée en latin, *Bulla*, la *Bulle d'Eau*.

413. Deux *Tétons*, & deux *Pagodes*.

414. Six pieces, sçavoir : deux *Eguilles*, la *Castagnete*, une autre *Bivalve*, un *Lépas* & une *Oreille de Mer*.

415. Un *Damier à bandes jaunes*, une *Chenille*, & un *Drap d'Or*.

416. Un extremement beau *Scorpion*.

417. Un *Brocard d'Or*, une espece de *Chenille*, & un *Drap d'Or*.

418. Huit *Turbinites* de differentes especes.

419. Un *Foudre*, deux *Taffetas*, une *Grimace*, un *Casque épineux* & une *Harpe*.

420. Deux *Cadrans* & deux *Tétons*.

Cy ------- 5507. 10.
411. ------------ 19. ".
412. ---------- 27. 3.

413. --------- 15. 12.
414. --------- 8. ".

415. --------- 15. 2.
416. }
417. } --------- 35. 1.
418. --------- 6. ".
419. --------- 5. ".
420. --------- 6. 12.
                ____
                5645. "

Cy......... 5645. "

421. .... 8. " .

422. .... 24. 1.

423. .... 73. " .

424. .... 80. 14.

____

5830. 15.

421. Deux *Pourpres*, deux *Casques Cendrez* & deux *Roties*.

422. Deux *Limas* à fond blanc rayés de *Gris de Lin* & un *Murex* d'une espece qui n'est pas commune.

VINGT-HUITIE'ME TIROIR.

423. Ce Tiroir est rempli d'un grand nombre d'*Eguilles* de diferentes especes & d'autres Coquilles dont l'arrangement forme à peu-près la figure d'un Soleil ; il sera vendu en un seul article, s'il se trouve quelques Encherisseurs.

VINGT-NEUVIE'ME TIROIR.

424. Ce Tiroir contient une grande quantité de Coquilles, la plus-part de la petite espece, parmi lesquelles il s'en trouve de très-singulieres & très-rares ; mais dont le détail auroit mené trop loin : ces Coquilles seront venduës en plusieurs Lots.

TRENTIE'ME TIROIR.

425. Un *Rocher*, & un *Buccin*, qui n'eſt pas commun.

426. Un *Chou*, & une grande *Bivalve blanche tuilée*, très-rare.

427. Un *Grand Bois Véné*, & une *Couronne d'Ethiopie*.

428. Une *Robe Perſienne*, & une *Chicorée*.

429. Deux *Pourpres Epineuſes & triangulaires*, un *Caſque à bandes*, & une *Tonne Canellée*, & *Tachetée*.

430. Un *Sabot Tacheté*, un *Cœur de Bœuf*, & une autre *Volute* très-brillante, à bandes de couleur pourpre, ſur un fond blanc.

431. Une *Geographique*, deux *Araignées Femelles*, & une *Porcelaine à tête de Serpent*.

432. Une *Argus* & une *Harpe*.

433. Deux *Damiers*, & une *Araignée*, apellée en Latin *Cornuta Mille Peda*, la *Mille-Pied*, ainſi nommée par raport à la quantité de Pates qu'elle a ; elle eſt plus rare que les autres *Araignées*.

Cy ————— 5820. 15.

425. .... 8. "
426. .... 10. 11.
427. .... 25. "
428. .... 4. 14.
429. .... 28. 4.
430. .... 14. 6.

431. .... 5. 2.
432. .... 11. "
433. .... 7. 19.
——————————————
5945. 12.

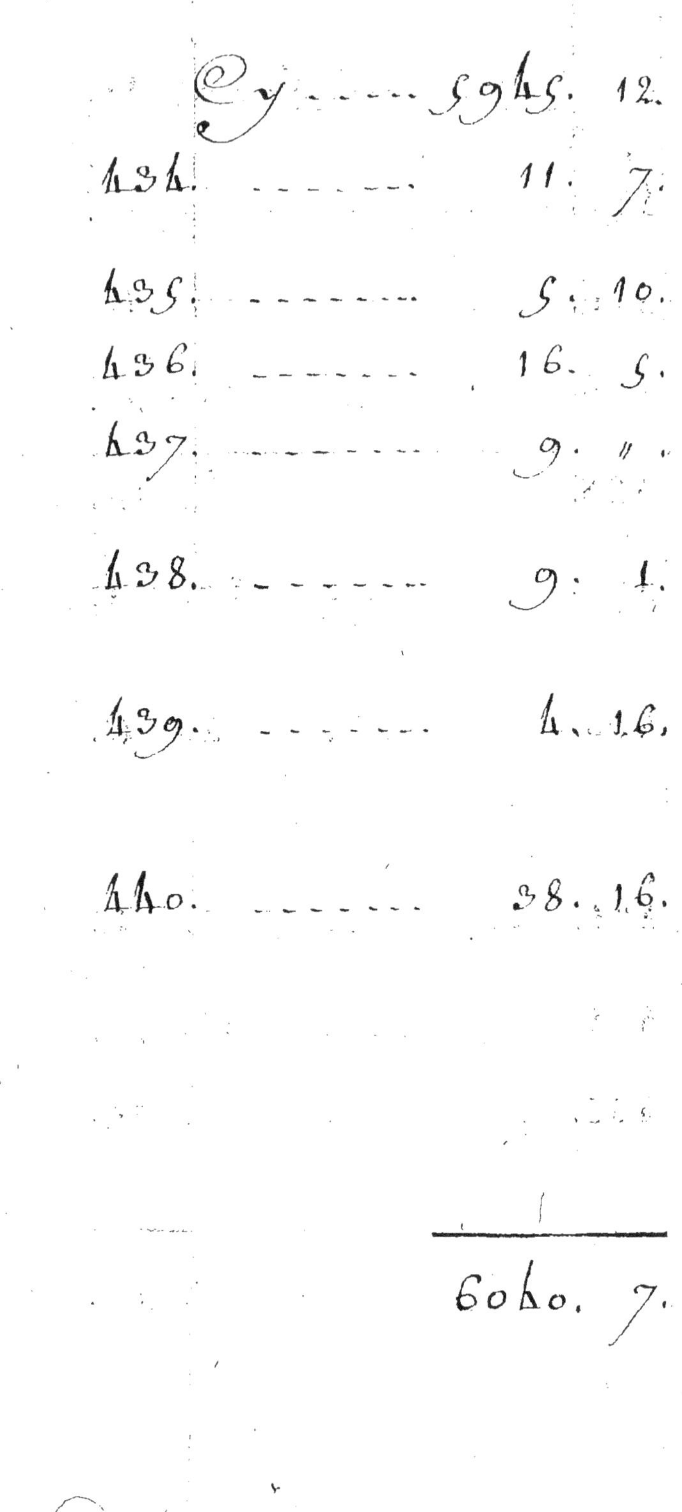

Cy ------ 5945. 12.
434 ------ 11. 7.
435 ------ 5. 10.
436 ------ 16. 5.
437 ------ 9. "
438 ------ 9. 1.
439 ------ 4. 16.
440 ------ 38. 16.

6040. 7.

434. Un *Petit Bois Véné*, un *Tigre à fond Gris de Lin & Ecailles Blanches*, un *Damier* & un autre *Turbinite*.

435. Deux *Tourterelles Grifes*.

436. Deux *Epineufes* de differentes efpeces, un *Oeuf* & une grande *Bivalve*.

437. Un *Perroquet*, une *Bouche d'Argent*, une *Pourpre*, & une *Mufique finguliere*.

438. Six *Turbinites* de diverfes efpeces, entre lefquelles il y en a deux affez fingulieres.

439. Une *Trompe Marine*.

TRENTE-UNIE'ME TIROIR.

440. Ce Tiroir comprend une quantité de Coquilles, tant *Bivalves* qu'*Univalves* & *Turbinites*, des mêmes efpeces qui ont été ci-deffus énoncées, dont le détail feroit devenu inutile, n'y en ayant aucune qui ne foit repetée dans les autres Tiroirs. Ces Coquilles, auffi bien que celles qui font dans les Tiroirs fuivans, feront

détaillées à la vente & diftribuées en différens Lots, comme les précédentes.

TRENTE-DEUXIE'ME TIROIR.

441. *Idem.*

TRENTE-TROISIE'ME TIROIR.

442. *Idem.*

TRENTE-QUATRIE'ME TIROIR.

443. *Idem.*

TRENTE-CINQUIE'ME TIROIR.

444. *Idem.*

TRENTE-SIXIE'ME TIROIR.

445. *Idem.*

TRENTE-SEPTIE'ME TIROIR.

446. *Idem.*

447. Le Coquillier de Bois de Chêne
très-proprement travaillé, garni de trente-
sept

Gy —— 6040. 7.

441. .... 41.   6.

442. .... 21. 17.

443. .... 14. 10.

444. .... 71. 16.

445. .... 49.   "

446. .... 66.   9.

447. .... 122. 3.
                     —————————
                     6427.   4.

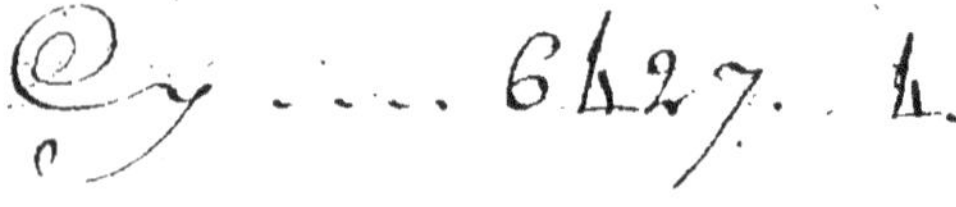

448. ———— 73. 16.

449. ———— 14. 5.

450. ———— 6. 8.
————————
.....6521. 13.
————————

sept Tiroirs de differentes profondeurs, dis-
tribués en trois rangées, avec trois Portes de même Bois, garnies de Fil de Laiton.

SUR LE COQUILLIER.

448. Quinze *Plantes Marines* ou *Ma-drepores* de différentes especes, qui seront détaillées à la vente, entre lesquelles il y en a de très-singulieres & adhérantes à des morceaux de Rocher.

449. Un *Coral*, nommé en Latin, *Coral-lum album*, *foliatum*, le *Coral Blanc feuillé*, qui est attaché sur le Dos d'un grand *Murex*. Ce morceau est fort cu-rieux.

450. Un autre grande *Plante Marine.*

Fin du Catalogue des Coquilles, &c.

AU dessus du même Coquillier, il se trouve un Gradin à cinq Tablettes, sur lesquelles sont rangées 129. Phioles remplies d'*Insectes*, *Reptiles*, & autres Animaux très - curieux. Tous ces Animaux viennent de Païs fort éloignez ; il ne s'en trouve aucun de l'Europe : La plus grande partie vient des Indes , & en particulier de Surinam. Il seroit inutile de s'étendre sur leur rareté ; il est facile de comprendre qu'ils ne doivent pas être communs ici , joint à ce qu'il y en a quelques uns de rares & difficiles à avoir, même dans le Païs d'où ils viennent. A l'égard de leur perfection & conservation, on peut s'en convaincre en les venant examiner.

N.º

1. _______

CATALOGUE,

DE DIFFERENTS REPTILES,

Infectes, & autres animaux parfaitement confervez dans des Bouteilles remplies d'une Liqueur confervative, & qui font rangez fur un Gradin, placé au deffus du Coquillier.

PREMIERE TABLETTE.

N°. 1. UN *Serpent amphisbène* *, ou le *double Marcheur*.

* Le *Serpent* eft un animal *Reptile*, *rond*, *long*, *venimeux*, qui rampe & qui fe replie ; il reffemble à l'*Anguille* ; & il eft ordinairement ennemi des hommes & des animaux. On comprend fous ce nom les *Viperes*, les *Couleuvres*, les *Afpics*, & toutes ces fortes de *Reptiles*. Il y en a d'eau & de terre. Cet animal fe cache pendant quatre mois, les plus froids de l'année ; & lorfqu'il fort de fon trou, il fe dépoüille de fa peau. Il s'en trouve qui ont vingt-cinq ou trente pieds de long & d'une groffeur proportionnée. On dit qu'il y en a de fi familiers en Affrique, qu'ils viennent quelquefois à l'heure des repas manger ce que l'on jette fous la table, & s'en retournent aprés, fans faire aucun mal.

M ij

La tête & la queuë de ce *Serpent* font difficiles à diftinguer, étant faites à peu près l'une comme l'autre ; ce qui lui a fait donner le nom d'*Amphisbêne*, ou de *Serpent à deux têtes*. On l'appelle auffi *le double Marcheur*, parce qu'il rampe en avant & en arriere. Il a le corps prefqu'également gros dans toute fa longueur ; on prétend qu'il mord par la tête & par la queuë, mais fa morfure quoique venimeufe n'eft pas mortelle ; on ne lui découvre ni yeux ni oreilles. Il y en a de différentes efpeces.

2. Un autre *Serpent*, nommé, *Jaculus*. On lui a donné ce nom, parce qu'il a coutume de fe lancer de deffus les arbres fur les paffans. Ce *Serpent* eft ordinairement mince & long ; il eft tres-varié en efpece & en couleurs.

3. Un grand & beau *Lézard des Indes* à longue queuë, appellé le *Lézard Crocodile* ; il a à chaque patte de fortes griffes.

Les *Lezards* font auffi tres-variez ; on y comprend les *Crocodiles*, les *Salamandres*

1 [illegible]

2 [illegible]

3 [illegible]

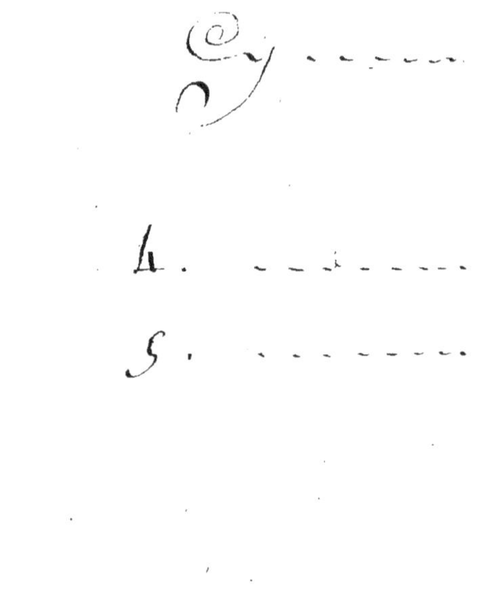

& les *Cameleons*. Cet animal eſt ami de l'homme & fort ennemi des *Serpens*; il s'en trouve d'extrémement grands.

4. Un *Amphisbêne*.

5. Une groſſe & belle *Vipere* étrangere.

La *Vipere* eſt un *Serpent* dont la morſure eſt tres-dangereuſe. Elle a la tête plus plate & plus large que les autres *Serpens*, & le bout du muſeau un peu relevé & retrouſſé ; elle a des dents tres-petites & immobiles, à chaque machoire ; mais entre autres, deux grandes dents crochuës, tranſparentes & fort pointuës, ſituées aux deux côtez de la machoire ſupérieure, qui ſont couchées, & qui ne ſe dreſſent que quand elle veut mordre. Le mâle a ſes parties naturelles doubles, de même que la femelle a double matrice ; elle ne bondit pas comme les autres *Serpens*; elle met bas ſes petits, vivans ; au lieu que les autres *Serpens*, vuident leurs œufs & le couvent ; de là vient qu'on l'appelle, *Vivipara* ; elle mange les *Scorpions*, ce qui rend fon venin plus dangereux.

6. Une *Cigale de Surinam* * ; Une *Malfaifante* , ou *Mille-pates* ; un *Lézard d'A-
merique* , & un *Poiffon fingulier.*

La *Cigale* eft un * *Infecte* , ou groffe
Mouche, qui vole & fait grand bruit en été
dans la campagne; elle n'a point de bouche,
mais à la place , elle a à l'eftomac une
pointe femblable à une langue, qui lui fert
à lécher la rofée ; elle a l'eftomac creux , ce
qui l'aide à former fon chant.

* Surinam eft l'endroit le plus fertile en
animaux finguliers & dangereux. La chaleur
& l'humidité du climat en font la caufe.

* L'Infecte eft un animal dont le corps a
plufieurs incifions , ou coupures ; les uns en
ont dans toute la longueur de leurs corps,
comme les Vers de terre, les Chenilles, les
Vers à foye, &c. Les autres ont ou la tête,
ou la poitrine féparée du ventre par une
fimple membrane, & quelques petits con-
duits, comme les Mouches , les Arraignées,
les Fourmis. On divife les Infectes en ceux
qui changent de forme & ceux qui n'en
changent pas ; & ceux qui ne changent
point de forme , en ceux qui ont des pieds,
& ceux qui n'en ont point. Chaque Plante,
chaque Herbe a fes Infectes particuliers ;
ceux qui changent de forme , ne s'accou-
plent jamais, tant qu ils font vers, ou chenilles ; & alors on ne peut diftinguer le
mâle d'avec la femelle.

Cy ________

6. ________

7. — — — — —

8. — — — — —

9. — — — — —

10. — — — — —

Le *Mille-pieds*, ou *Mille-pates*, eſt un In-
ſecte que l'on trouve dans les Iſles Antil-
les. On l'appelle *Mille-pieds*, par la multi-
tude de pates, qui hériſſent tout le deſſous de ſon corps, dont il ſe ſert pour
ramper avec une viteſſe incroyable. Le
deſſus de ſon corps eſt couvert d'écailles
tannées, extrémement dures, & emboitées
les unes ſur les autres, comme les Tuiles
d'un toît. On le nomme auſſi *Malfaiſant*,
parce qu'il eſt dangereux, par rapport aux
mordans qu'il a dans la tête & dans la
queuë, dont il pince ſi vivement, & fait
gliſſer un ſi mauvais venin dans la partie
qu'il a ſerrée, qu'on y reſſent une douleur fort aiguë pendant plus de vingt-
quatre heures. Quelques-uns le nomment
Scolopendre.

7. Un *Serpent des Indes*, & un gros
Poiſſon ſingulier,

8. Un grand *Jaculus*, tres-vivement tacheté.

9. Un tres-beau *Lézard de Surinam*.

10. Un *Jaculus*, d'une eſpece ſingulie-

M iiij

re, marqué par tout le corps d'un tres-beau bleu.

11. Le *Poisson volant*, de la Mer Atlantique.

12. Un grand & magnifique *Serpent*, qui a le corps couvert de différentes nuances de Gris-de-lin, avec une raye blanche qui regne tout le long de son corps.

13. Un fort beau *Caméléon*, à tres-longue queuë, & un petit *Serpent*.

Le Caméléon, est fait à peu près comme le *Lezard*. Il y en a de différentes especes. Cet animal a le mouvement tardif comme la *Tortuë*; il a le dos aigu & quelquefois garni d'une épine toute dentelée; sa peau est plicée & chagrinée; ses deux machoires sont jointes par une ligne presqu'imperceptible; ses yeux sont gros, & sa queuë tres-longue; il darde souvent sa langue sur les mouches qui s'y trouvent attrapées, comme sur de la gluë. On croyoit autrefois qu'il vivoit d'air, mais dans les expériences qu'on en a fait, on a trouvé des mouches dans ses excrémens.

11.

12.

13.

14. ....   26. 10.
15. ....
16. ....
17. ....
18. ....

Quand on le manie, il paroît marqueté d'un verd brun ; si on l'enveloppe dans un linge, on l'en retire blanchâtre ; mais cela n'arrive pas toujours, & sa couleur la plufpart du temps ne change que dans quelques parties de fon corps. Monconis rapporte que le *Caméléon* étant au Soleil paroît vert, qu'à la chandele il paroît noir, quoiqu'on le mette fur du papier blanc, & qu'étant enfermé dans une boëte, il devient jaune & verd ; il foutient qu'il ne prend jamais que ces quatre couleurs. Mademoifelle Scuderi dans les Expérienees qu'elle en a faite, dit, qu'étant expofé au Soleil, il change fouvent de couleur, fans prendre celle fur laquelle on le met.

14. Un grand *Jaculus des Indes.*

15. Un autre grand *Serpent.*

16. Un autre grand *Jaculus des Indes.*

17. Un autre *Serpent*, tres finguliérement tacheté.

18. Une extrêmement belle *Malfaifante de l'Amérique.*

19. Un tres-beau *Jaculus.*

20. Une *Vipere de Surinam.*

21. Un *Serpent singulier.*

22. Un , *dit.*

23. Un petit *Poisson des Indes ,* singu-lierement tacheté.

DEUZIE'ME TABLETTE.

24. Un extrêmement beau *Cameléon ,* d'un bleu foncé, nuancé de brun ; il a de-puis le bas de sa tête jusqu'à l'extrêmité de sa queuë qui est tres-longue , une arête dentelée & garnie de pointes tres-aiguës.

25. Une *Couleuvre de Surinam.*

26. Un *Serpent des Indes.*

27. Un *Lezard de Surinam* , & un petit *Poisson singulier* , connu sous le nom de *Poisson cornu ,* par rapport à deux cornes qu'il a au dessus des yeux.

28. Un *Jaculus.*

29. Un *dit* , extremement beau, pareil à celui du N°. 10. On y a joint une fleur blanche étrangere.

30. Le fameux *Serpent chaperonné ,* le

Ej . . . . . . 26. 10.

19. . . . .
20. . . . .
21. . . . .
22. . . . .
23. . . . .

24. . . . .   24. " .

25. . . . .   12. " .
26. . . . .
27. . . . .

28. . . . .
29. . . . .   14. 1.

30. . . . .   31. " .
                        ____
                        107. 11.

Cy ________ 107. 11.

31. ______

32. ______

23. ______   25. 11.
34. ______
35. ______
36. ______
37. ______
                              ____
                              132. 11.

plus rare & le plus dangereux de tous les
Serpens.

Ce *Serpent* est fait différemment que
les autres; il a au bas de la tête un esto-
mac, qui lui forme par derriere une partie
presqu'ovale, sur laquelle la nature a imprimée une face humaine, tres-distincte-
ment marquée.

Cet animal est tres-difficile à aborder,
& par conséquent tres-rare. On le trouve
dans l'Orient; on le connoît sous le nom
de *Cabro de Cabello*. Il est parfaitement
conservé.

31. Une autre espece de *Jaculus*.

32. Un *Ecureuil des Indes*, tout blanc;
on le nomme l'*Ecureuil volant*. On prétend
qu'il étend sa peau de façon qu'il s'en
sert pour voler.

33. Un tres-beau *Double Marcheur*.

34. Un *dit* d'une autre espece.

35. Un grand *Jaculus*.

36. Un grand *Serpent*, marqué de diverses couleurs vives.

37. Un *dit* plus petit.

38. Un *dit* , & une *Malfaisante*.

39. Un *Jaculus* bien marbré.

40. Un *Serpent* , d'une fort belle espece.

41. Un *dit* plus grand , & d'une autre espece.

42. Un *Serpent* , singulierement taché de petites marques blanches , distribuées à égales distances , sur un fond couleur de noisette.

43. Un *Jaculus* d'une belle espece.

44. Un *Lézard de Surinam* , à longue queuë.

45. Deux différens *Serpens*.

46. Une *Vipere des Indes*.

47. Un *Serpent*, de l'espece cy-dessus N°. 42.

48. Un petit *Chien singulier* , avec le *Fœtus* d'un *Singe*.

TROIZIE'ME TABLETE.

49. Un petit Poisson , appellé le *Cheval Marin*, par rapport a sa forme , & un *Jaculus*.

50. Un tres - beau *Camélćon* d'un gris bleuâtre.

Cy ———— 192. 11.

38. ————
39. ————
40. ————
41. ————
42. ————

43. ————
44. ————
45. ————
46. ————
47. ————
48. ————

49. ————

50. ————

§ .... 132 .. 11.
§1 .... 14. 10.

§2. ....

§3. ....

§4. ....

§5. ....

§6. .... 30. //
                    ____
                    177. 1.

51. *Martin le Pecheur*, ou le *Martinet des Indes.*

Cet Oyſeau eſt une eſpece d'*Alcyon* ; il a le plumage de la couleur du plus beau bleu ; le Bec long & aigu. Son chant eſt agréable, c'eſt pourquoi quelques uns le nomment, le *Roſſignol de Riviere.* Il fouit la terre avec ſon bec autour des rivieres & y fait ſon nid & ſes petits.

52. Une groſſe *Chenille* extraordinaire, de Surinam.

53. Un petit *Oyſeau des Indes*, tres - joli à tête blanche & corps noir.

54 Une *Chauve-Souris des Indes*, tres-ſinguliere, dont le Muſeau eſt fait à peu près comme le Grouin d'un Cochon, & la tête en forme de celle d'un Bœuf. Elle a au deſſus du né, une petite peau retrouſſée qui finit en pointe. Cet animal eſt fort plaiſant.

55. Un *Serpent* d'une beauté parfaite, par l'arrangement de ſes taches & écailles.

56. Un *Scorpion d'Afrique* des mieux conſervé, de couleur noirâtre; il y en a de

plufieurs efpeces. Celui-cy eft le plus rare
& le plus dangereux de tous , & l'on prétend que fa piquûre eft mortelle & fans
remede.

Le *Scorpion* a la tête jointe & conti-
nuë avec la poitrine , où il a ordinairé-
ment deux yeux au milieu , & deux autres
vers l'extrêmité de la tête ; mais fes yeux
font fi petits qu'à peine les peut-on voir.
Entre les yeux de la tête , il lui fort comme
deux bras , qui fe féparent en deux , de la
même maniere que les pinces ou les ferres
d'une Ecreviffe. Il a huit jambes qui lui
fortent pareillement de la poitrine , dont
chacune fe divife en fix parties ; couvertes
de poil , & dont les extrêmitez ont de
petits ongles ou ferres. Le ventre fe par-
tage en fept anneaux , du dernier defquels
fort la queuë , qui fe divife auffi en plufieurs petits boutons , dont le dernier eft
armé d'un éguillon crochu , creux , très-
pointu , & rempli de venin froid. Il a le
corps ovale , la queuë longue , faite en maniere de patenôtres collées bout à bout

57. ------

58. ------
59. ------
60. ------

l'une contre l'autre : la derniere où est attaché cet éguillon, par lequel il jette son
venin, est plus longue que les autres. Il
chemine de travers, & il s'attache si fort
avec le bec & avec les pieds contre les
personnes, que bien difficilement on le
peut arracher : il vit d'herbes, de lézards
& d'Aspics; il a de l'antipatie pour le Crocodile. On prétend que son venin est plus
dangereux à midi & au cœur de l'hiver. Jamais il ne s'en trouve dans les païs froids :
en Italie, où il y en a beaucoup, mais qui
ne sont pas si dangereux, on les écrase sur
la plaïe pour guerir leur piquûre ; on y
aplique aussi de l'huile dans laquelle on en
a fait mourir quelques uns.

57. Le *Lezard Crocodile de Surinam.*

Ce *Lezard* est differemment fait que les
autres ; il a le bout de chaque doigt de
ses pates, rond & sans griffe, sa queuë est
très-courte.

58. Une *Tortuë* & un petit *Serpent.*

59. Un *Oiseau des Indes,* fort singulier.

60. Un *Poisson particulier.*

61. Un très-beau *Serpent*.

62. Deux petits *Chats*.

63. Un *Serpent* à petites taches blanches.

64. Un *dit* d'une autre espece.

65. Un très-bel *Amphisbêne*, un petit *Lezard de Surinam*, & une petite *Chenille à aigrette*, aussi *de Surinam*, & très- particuliere.

66. Un *Jaculus*.

67. Un fort beau *Lezard des Indes*.

68. Un pareil & aussi beau *Scorpion* que le précédent.

69 Un *Jaculus*.

70. Un autre beau *Serpent*.

71. Un petit *Poisson*, & un petit *Serpent*.

72. Une grosse *Sauterelle volante de Surinam*, & deux petits *Serpens*.

73. Un très-bel *Oiseau des Indes*, à tête blanche & corps noir.

74. Un *Serpent* d'une couleur particuliere.

75. Un beau *Caméléon*.

QUATRIE'ME TABLETTE.

76. Un *Serpent*.

77.

C_j —— 177. 1.
61. —— —— —— —— ——
62. —— —— —— ——
63. —— —— —— —— ——
64. —— —— —— ——
65. —— —— —— ——
66. —— —— —— —— ——
67. —— —— —— ——   24. „.
68. —— —— —— ——   30. 10.
69. —— —— —— ——
70. —— —— —— —— ——
71. —— —— —— ——
72. as. w. N°. 122.
73. —— —— —— ——
74. —— —— —— ——
75. —— —— —— ——
76. —— —— —— —— ——

234. 11.

231. 11.

77.

78.

79.

80,

81.

77. *L'Oiseau mouche*, ainsi apellé, par raport à sa petitesse. C'est le plus petit de tous les *Oiseaux*.

78. Un petit *Poisson très-singulier*, par raport aux differentes bandes dont il est tacheté, de façon, que l'on diroit que ces bandes sont peintes. On l'apelle la *Bourse*.

79. Un autre *Poisson* nommé le *Polipe*.

Ce mot de *Polipe* veut dire qui a plusieurs pieds : ce *Poisson* est d'une forme très-particuliere ; il ressemble plutôt à un fruit ou une plante, qu'à un animal : il est long & rond. Sa peau ressemble assés à un cuir tanné. Il a huit bras qui sont placés à une de ses extrémités au dessus de sa tête, qui est enfoncée, & qu'on a de la peine à découvrir. Quand il n'a pas de quoi se nourrir, il mange quelquefois ses bras, & ce qui a été mangé renaît par la suite.

80. Un petit *Poisson blanchâtre*, apellé *Barbuë*, à cause de quelques longs brins de barbe, qui lui sortent des côtés de la machoire.

81. Un *Lezard de Surinam*, à queuë longue & dentelée.

82. Deux petits *Serpens*.

83. Cinq petits *Embrions* de différens animaux.

84. Deux différens *Jaculus*.

85. Un *Folium ambulans* ; *Porte-feüille* ou *Prie-Dieu*.

C'est une *Sauterelle*, d'une forme extraordinaire, elle se trouve à Surinam: on l'apelle, la *Feüille ambulante*, ou le *Porte-feüille*, parce que quelques unes de ses aîles sont tout-à-fait semblables à des feüilles ; d'autres le nomment le *Prie-Dieu*, parce que quand elle est assise sur ses pates de derriere, elle tient toujours les deux de devant, croisées l'une sur l'autre, & elle imite dans cette posture une personne qui auroit les mains jointes & élevées pour prier. Elle est gravée dans les *Insectes* de Surinam de Mademoiselle Merian, *folio* 66.

86. Un petit *Jaculus*.

87. Un *Serpent de Surinam*.

88. Trois petits *Serpens*.

89. Un *Jaculus* & un *Serpent d'eau*.

90. Deux petits *Serpens*, de diverses especes.

231. 11.

82. — — — — —

83. — — — — —

84. — — — — —

85. — — — — —

86. — — — — —

87. — — — — —

88. — — — — —

89. — — — — —   5. 1.

90. — — — — —   6. "

____

262. 12.

Cy .... 242. 12.

91. ----------

92. ----------

93. ----------

94. ----------

95. a vu 72. et 122.

96. ----------   4. 6.

97. ----------   3. 2.

98. ----------

99. a vu 101.

100. ----------

101. a vu 99 ..   8. //

102. ----------   3. 1.

103. ----------   3. 6.

104. ----------   22. 5.

                    ____

                    286. 12.

91. Un *Caméléon* & un *Serpent*.

92. Deux petits *Serpens*.

93. Deux différens *Poissons* & un *Mille-pates*.

94. Deux *Serpens* de différente espece.

95. Une petite *Cigale*, un *Serpent d'eau*, & une *Grenoüille de Surinam*.

96. Un petit *Amphisbêne*, & un petit *Jaculus*.

97. Un *Lezard à longue queuë*, & une *Mal-faisante*.

98. Un petit *Poisson singulier*.

99. Une très-belle *Malfaisante*.

100. Un petit *Porc-Epic de mer* & un autre petit *Poisson*.

101. Trois petits *Serpens* de différentes especes.

102. Un autre *Serpent*.

CINQUIE'ME TABLETTE.

103. Un *Double-Marcheur*, & un *Jaculus*.

104. Un extrémement belle & grosse *Tarentule de Surinam*, & parfaitement conservées.

Nij

Tout le monde sçait ce que c'est que la *Tarentule* ; les effets de sa piquûre sont si singuliers, qu'il est rare que l'on n'ait eu occasion d'en entendre parler : il y en a beaucoup en Italie, mais les plus dangereuses se trouvent à Surinam, & celle-ci en est une des plus grosses. Elle a pris son nom de la Ville de Tarente, où il y en a quantité. Sa piquûre cause d'abord une douleur à peu près semblable à celle que causeroit la piquûre d'une Abeille. La partie affligée se trouve marquée d'un petit cercle jaunâtre, qui se change ensuite en une tumeur qui cause une douleur très-vive ; le venin alors se communique dans toute la masse du sang, ce qui fait que peu de tems après, celui qui en a été piqué a de la peine à respirer ; son poux perd ses fonctions, & le malade tombe pour-lors dans une mélancolie extrême. La force du venin est si grande, que nonobstant tout remede, cette maladie recommence tous les ans, & particulierement au tems où l'on a été piqué ; ce qui fait dire à quelques-

Cy ------ 286. 12.

Cy ——— 286 : 12.

105. ————————
106. a x w 108.
107. ————————
108. a x w 106..   6 . „ .
109. ————————
110. a x w 115.
111. ————————
112. ————————
                    ____
                    292. 12.

uns que l'on ne guérit jamais de cette piquûre. Ce qu'il y a de singulier, est que
les remedes dont on se sert, deviennent inu-
tiles, si l'on n'y joint de la musique vive &
animée, qui met en mouvement les mem-
bres assoupis du malade, & le tire de sa
mélancolie; en sorte qu'il se leve & danse,
ou saute à plusieurs reprises, jusqu'à ce qu'il
soit guéri, ce qui n'arrive quelquefois que
le troisiéme ou quatriéme jour, & pour-
lors, il en est quitte jusqu'à l'année sui-
vante.

105. Deux petits *Poissons*.

106. Un *dit* singulier.

107. Une *Sauterelle* aîlée.

108. Trois petits *Serpens* de différentes especes.

109. Un *Lezard*, & une petite *Grenoüille des Indes*. tachetée singulierement.

110. Un *Amphisbéne*, & un *Lezard*.

111. Une *Grenoüille des Indes*. avec des
taches blanches régulierement placées.

112. Deux beaux *Serpens* de différente
espece.

113. Une *Mal-faisante*, & un *Lucifer*, ou *Porte-Lanterne*.

Ce dernier *Insecte* est d'une forme très-singuliere, on le trouve à Surinam. Mademoiselle Sybille Merian en parle dans son livre des Insectes de Surinam, & on le trouve gravé à la planche 49. On le nomme *Porte-Lanterne*, parce que sa tête, ou une espece de vessie transparente qui lui sert de tête, jette pendant la nuit une lueur, assés semblable à celle que rendroit une petite lanterne allumée ; en sorte qu'il ne seroit pas difficile, selon Mademoiselle Merian, de pouvoir lire, avec ce secours, un livre d'un caractere pareil à celui de la gazete d'Holande.

114. Une *Grenoüille à oreilles*, de Surinam, & un petit *Poisson*.

Mademoiselle Merian parle dans le même livre de cette singuliere *Grenoüille* ; elle se trouve gravée à la planche 56. elle est pommelée de verd & de brun. On la nomme ainsi par raport à l'oreille qu'elle a au bas de chaque côté de sa tête ; elle a aussi

Gy ——— 292. 12.

113. ————————

114. ————————

292: 12.

115. a ju co 110.   6. //.
116.
117.
118.   2.   8.
119.

120.   3. 15.

121.

122. a ju 72 et 95..   15.   //.
                         ____
                         309. 15.

une petite boule à l'extrémité de chaque
doigt de la pate, que la Nature lui donne,
pour l'aider non seulement à nager, mais
aussi à marcher sur la boüe. J'en ai d'autres qui ont les mêmes boules aux pates,
mais qui sont d'une autre espece, n'ayant
point d'oreilles, comme celle-ci.

115. Une *Tortuë*, & un *Jaculus*.

116. Une très-belle & très-grosse *Chenille de Surinam*.

117. Une *Tortuë*, & un *Serpent*.

118. Un *Serpent d'eau*, une *Grenoüille* à
pates garnies de boules, & un petit *Lezard*.

119. Une *Sauterelle aîlée* & une très-jo-
lie *Chenille de Surinam*, dont la tête est cou-
ronnée; elle se trouve dans les *Insectes* de
Mademoiselle Merian, à la planche 8. Cette *Chenille* produit ordinairement un extrêmement beau *Papillon*.

120. Une *Grenoüille de Surinam*, un petit *Lezard*, & un petit *Serpent*.

121. Deux petits *Serpens*, de différente
espece.

122. *Idem*.

123. Un *Oiseau des Indes*.

124. Une grande quantité de petites *Araignées rouges*, dont on se sert pour la teinture.

125. Un *Serpent* d'une espece singuliere.

126. Une *Courtiliere*.

127. Un *Gros Ver*, qui s'engendre ordinairement dans le Palmier. Il vient de la Martinique ; on le mange dans ce païs.

128. Un *dit*.

129. Une *Tarentule*, pareille à celle ci-dessus énoncée.

130. Le Cabinet de Rumphius édition de 1711. *in folio*, proprement relié, avec une table Latine & Holandoise des différens genres, especes & noms des Coquilles qui y sont gravées. Ces planches ont la réputation d'être les mieux executées.

131. *Martini* Lister *Historiæ Conchyliorum*, *Londini* 1685. Ce Recueil de Coquilles presque toutes Bivalves, est reconnu pour un des plus rares.

132. Traité des Poissons par Rondelet.

Fin des Catalogues.

J'ai

Sy.......... 309. 15.

123. ....
124. ....
125. ....
126. ....
127. ....
128. ....
129. ....   24. „ .
130. ....   22. „ .

131. ....   42. „ .

132. ....   4. „ .
                        ─────────────
                ....   401. 15.
                        ─────────────

Recapitulation.

Coquilles &c. . . . . . 6521. 13.

Reptiles &c. . . . . . . 401. 15.

Total . . . . 6922. 8.

J'ai cru qu'il feroit à propos de mettre
à la fuite de ce Catalogue une Table alpha-
bétique de la plus grande partie des noms
arbitraires, tant François que francifés, attribués vulgairement à de certaines Coquilles, & de la plûpart des Termes génériques & fpecifiques, dont on fe fert
pour les diftinguer : afin que les Curieux
puffent les connoître d'un coup d'œil, &
fe mettre en état, par là, de fe familiarifer
plus aifément avec ces différens noms.

TABLE

ALPHABETIQUE,

De la plus grande partie des Noms arbitraires, François ou francisez, donnez aux Coquilles par les Curieux, & des termes, tant Génériques que Spécifiques, dont on se sert le plus ordinairement.

A

L'Agathe,
Les aîlées.
L'aîle de Chauve-souris.
L'aîle de Papillon.
L'Alêne.
L'Amiral.
. . . d'Orange.
Le vice Amiral.
L'Alporrhaïs.
L'Arabique.
L'Arche de Noé.
L'Araignée Mâle.
. . . Femelle
La grande Argus.
La petite Argus.
La double Argus.
L'Arrosoir.
L'Avanturine.

B

La Bécasse.
La grande Bécasse épineuse.
La petite Bécasse épineuse.
Le Bézoard.
Les Bivalves.
La Bizarre.
Le grand Bois Vêné.
Le petit Bois Vêné.
La Bossuë.
La Bouche d'Argent.
La Bouche d'Or.
Le gros Bouton.
Le petit Bouton.
Le Bouton de Camisole.
Le Bouton de la Chine.
Le Bouton de la Mer rouge.
Le Brandon d'amour.
Le Brocard d'Or.
Le Brocard de Soye.
La Brocatelle.

S

la Sablée.
les Sabots.
. . . *Rayés.*
. . . *Tachetés.*
. . *Unis.*
la Samaritaine.
le Scorpion *male.*
. . . *femmelle.*
la Selle *pollonoise.*
, . . *angloise.*
la Solaire.
les Solenes.
les Spectres.
la Spéculation.
les Sphériques.

T

la Tabatiere *de Neptune.*
le Taffetas.
la Tannée.
la Tasse de Neptune.
la Taupe.
le Telescope.
les Tenilles ou *Tellines.*
les Testicules.
le Tëton.
la Thiare.
la Thuilée.
le Tigre.
le Toit *de la Chine.*
les Tonnes.
. . . *Rayées.*
. . . *Cannellées.*
. . . *Striées.*
. . . *à bandes.*
. . . *Tuberculeuses.*
la Tortue.
les Toupies.
la Tourterelle *blanche.*
. . . *grise.*
les Triangulaires.
la Tricotée.
les Trompes.
les Tubes *vermiculaires.*
la Tulipe.
le Turban.
les Turbinées ou *Turbinites.*

V

la Veuve.
la Vieille, *ou Ecaille de vieille femme.*
la Vis.
les Univalves.
la Voile *latine.*
les Volutes.

Fin de la Table.

notamment à celui du 10 Avril 1725. Et qu'avant
que de les expofer en vente, le Manufcrit ou Imprimé qui aura fervi de copies à l'impreffion
dudit Livre, fera remis dans le même état où
l'Approbation y aura été donnée, ès mains de notre très-cher & féal Chevalier, Garde des Sceaux
de France le fieur CHAUVELIN, & qu'il en fera
enfuite remis deux Exemplaires dans notre Biblio-
theque publique, un dans celle de notre Château
du Louvre, & un dans celle de notre très-cher
& Féal Chevalier, Garde des Sceaux de France,
le fieur CHAUVELIN : le tout à peine de nullité
des Préfentes. Du contenu defquelles Vous man-
dons & enjoignons de faire joüir ledit Sieur Ex-
pofant ou fes ayant caufe, pleinement & paifible-
ment, fans fouffrir qu'il lui foit fait aucun trou-
ble ou empêchement. Voulons qu'à la copie def-
dites Préfentes, qui fera imprimée tout au long
au commencement ou à la fin dudit Livre, foi
foit ajoûtée comme à l'original COMMAN-
DONS au premier notre Huiffier ou Sergent,
de faire pour l'execution d'icelle tous Actes re-
quis & néceffaires, fans demander autre permif-
fion, & nonobftant Clameur de Haro, Chartre
Normande, & Lettres à ce contraires. CAR
tel eft notre plaifir. DONNE' à Verfailles le
vingt-troifiéme jour du mois de Décembre, l'an
de grace 1735, & de notre Regne le vingt-unié-
me. Par le Roi en fon Confeil, SAINSON.

*Regiftré fur le Regiftre XIX. de la Chambre
Royale & Syndicale des Libraires & Imprimeurs
de Paris, N. 231. folio 212 conformement au
Reglement de 1723. qui fait défenfes art. IV. à
toutes perfonnes de quelque qualité qu'elles foient
autres que les Libraires & Imprimeurs, de vendre,*

pour debiter & faire afficher aucuns Livre
les vendre en leurs noms , soit qu'ilt s'en di-
sent les Auteurs ou autrement , & à la charge de
fournir les Exemplaires prescrits par l'art. CVIII
du même Reglement. A Paris le 28. Décembre
1735.

Signé G. MARTIN , Syndic.

De l'Imprimerie de G. VALLEYRE, Fils.

ERRATA ET ADDENDA.

P*Age* 48. *ligne* 13. que celle qui y étoit
auparavant ; *li ez* , que ce qu'il avoit
do*n*né auparavant.

Page 52. La note qui se trouve à la fin
de l'article de Langius est mal placée ; elle
doit suivre le *Museum Septalianum*, qui a
été oublié. Ainsi après le mot, *in* 4°. qui se
trouve à la ligne 18. il faut mettre, *à linea*,
l'article suivant.

*Museum Septalianum, Manfredi Septalæ
Patricii Medialonensis , industrioso labore
construêlum à PauloTergazo ,De natura Cri-
stalli , Corallii , Testaceorum Montanorum
& Lapidificatorum , Achatis, Succini , Am-
bari & Magnetis. Dertonæ , 1664, in 4°.*
Il y a un Chapitre , &c.

Page 55.ligne 18. *Fred. Ruschii* ; lisez
Ruyschii.

Page 58.*ligne* 12. morceaux ; *lisez* , de
ceux , &c.

TABLE.

Fin de la Table.

Remarques.

Tous les Effets de Cette vente
étoient en Société avec M.
Guichard huissier priseur et
M. Gersaint dont il faisait
ordinairement Ces ventes.
M. Guichard était un très
bon officier, Connaisseur en
différents genres de Curiosité
et particulièrement en Livres,
ne se servant point de libraire
tant pour faire le Catalogue
que pour énoncer les Livres dont
il était Chargé de faire la
vente.